Instalaciones de salas informáticas

Instalaciones de salas informáticas

CARLOS A. SORIANO CALVO
FERNANDO NAVARRO GARCIA

1989
PARANINFO S.A.
MADRID

Impreso en España
Printed in Spain

ISBN: 84-283-1672-4

Depósito legal: M. 10.637.—1989

PARANINFO S.A. Magallanes, 25 - 28015 MADRID (03207/39/79)

Artes Gráficas BENZAL, S.A., Virtudes, 7 - 28010 MADRID

''El hombre tiene el tamaño de lo cual
se atreve a hacer''

AGRADECIMIENTO

Son tantas las personas a quienes desearíamos agradecer la incondicional ayuda prestada para la elaboración de este libro, que seguramente se nos olvidaría algún nombre.

Por esta razón, a todos ellos muchas gracias.

No obstante, hay una persona a la que sí queremos mencionar con gran cariño: nuestra colaboradora y amiga María Jesús (Chus), sin cuya ayuda, nunca lo habríamos terminado.

LOS AUTORES

Indice de materias

PROLOGO 11

INTRODUCCION 15

Primera Parte
ARQUITECTURA

1. CONDICIONES CONSTRUCTIVAS 19

Edificio informático óptimo 21
Sala del ordenador 22
Suelo real (Forjado inferior) 24
Paramentos 26
Techo real (Forjado superior) 28

2. TRATAMIENTOS ESPECIALES 29

Tratamiento del suelo. Falso suelo 29
Ejemplos de rampas para salvar alturas en bajos suelos 33
Tratamiento de paredes 35
Primera fase: Tendido de yeso 36
Segunda fase: Pintura 36
Tratamiento del techo 37
Puertas y ventanas 40

3. AISLAMIENTO ACUSTICO Y TERMICO 41

Aislamiento acústico 41
Aislamiento térmico 43

Segunda Parte
INSTALACIONES

4. INSTALACIONES ELECTRICAS PARA LA SALA DEL ORDENADOR 47

Cuadros y sistema de emergencia 47
Placa supresora de transientes 49
Iluminación 50
Equipo de alimentación ininterrumpida (U.P.S.) 57
Unidad de alimentación ininterrumpida (U.P.S.) para medias potencias 58

5. CLIMATIZACION AMBIENTAL 60

Temperatura 60
Ventilación 61
Humedad 61
Condiciones de diseño de climatización de ordenadores 63
Sistema Dual-Moduline para oficinas 65

6. SEGURIDAD 67

Seguridad física 67
Extinción específica para sala de ordenadores 69
Extinción con Halon 1301 71
Seguridad lógica (Seguridad de la información) 72
Seguridad del sistema eléctrico 73

Tercera Parte
AREA DE OFICINAS

7. SUPERFICIES IDEALES 77

Introducción 77
Determinación de superficies 78
Planificación de un edificio para oficinas 81
Instalaciones 83

8. ERGONOMIA... ESA CIENCIA 87

Ergonomía 87
Distancia visual 88
Angulo visual 88
Características del asiento 89
    Situación del teclado 90
    Otros elementos 91
Ambiente de trabajo 91
    Niveles de iluminación 91
    Relación de iluminación en el campo visual del operador ... 91
    Instalación de las fuentes de iluminación general 92
    Nivel de ruido 93

Prólogo

La inmensa mayoría de los edificios administrativos no están proyectados para una función informática; en la actualidad, los técnicos van tomando conciencia de este tipo de instalaciones y poco a poco se encaminan hacia una nueva tecnología informática. Arquitectura e Ingeniería Industrial, así como otras ciencias relacionadas, no han llegado a un entendimiento pleno en este nuevo concepto de instalación, que sin lugar a dudas es una "mezcla especial" de todas ellas.

Este libro trata de recopilar una serie de informaciones que a base de experiencia y de la toma de diversidad de datos ha servido para la instalación y funcionamiento de muchos de los Centros Informáticos que existen actualmente en nuestro país. Dichos Centros han ido surgiendo a base de la repetitiva aplicación de tecnología específica. Era, por tanto, necesario crear una normativa que agrupase de forma estandarizada la instalación de cualquiera de estos Centros Informáticos.

Una de las primeras conclusiones a las que por razones obvias se llega es que un Centro Informático no puede ser tratado como cualquier edificio de oficinas, sino que el trato debe ser más técnico, más cualificado, más depurado... en definitiva, distinto

A la hora de proyectar un edificio que revista la categoría de informático, se pueden presentar dos casos perfectamente diferenciados:

1) Que el edificio esté ya construido. (Readaptación)
2) Que el edificio se deba construir. (Construcción)

Nuestra experiencia nos dicta que en la mayoría de los casos, el edificio se encuentra ya construido o, por lo menos, es el caso más probable; por tanto, habremos de darle forma, proyectar su interior y exigir que cumpla unas condiciones mínimas de trabajo, en cuanto a la instalación de equipos informáticos se refiere.

En este primer libro se va a tratar más profundamente el primer punto. Hemos dejado para mejor ocasión el segundo. Nuestro estudio, por lo tanto, va encaminado a que, primero, exista una normativa que agrupe los conocimientos que ya hay sobre esta nueva ciencia y, en segundo lugar, que se cumpla, además de que sirva de ayuda a quienes se ven en la necesidad de proyectar este tipo de instalación: Ingenieros, Arquitectos... Técnicos, en general.

Somos también conscientes de que son pocas las publicaciones sobre instalación de Edificios Informáticos, y por ello, no hemos querido dejar pasar esta oportunidad para que cualquier lector pueda nutrirse de nuestra experiencia en esta materia. No ha habido más remedio, en ocasiones, que estudiar temas demasiado técnicos, que según los casos, hemos tratado escrupulosamente y con todo rigor científico dada la importancia de los mismos.

Este ambicioso trabajo está enfocado a normalizar los conocimientos sobre Centros Informáticos, en la confianza de que sea punto de encuentro para que todos los que de una manera u otra nos encontramos relacionados con estos temas, hablemos el mismo lenguaje y el entendimiento sea mutuo. No se trata aquí, no es nuestro cometido, de recopilar las especificaciones técnicas que cada fabricante de ordenadores da para sus equipos, aunque en ocasiones hemos bebido de sus fuentes. Más bien, tratamos de normalizar una técnica general para cualquier ordenador y de cualquier Casa — Fabricante Comercial y por tanto, deberemos dotar al Edificio de unas características técnicas comunes que no hagan distinciones entre marcas, casas fabricantes o equipos diversos.

Esperamos que esta publicación nos sirva a todos para tomar una mayor conciencia de una nueva tecnología, que sin duda, está echando raíces a la vez que crece pujante.

LOS AUTORES

MODERNIZACION DE UN EDIFICIO ANTIGUO

(ATLANTIC CITY. ELECTRIC)

(a) antes

(b) después

Introducción

Se puede definir un Centro Informático como aquél que aun no siendo administrativo, realiza funciones semejantes de forma automatizada. Si se analiza esta definición, en apariencia inofensiva e inocente, se dará cuenta el lector de que la revolución acaecida, en cuanto a este tema se refiere, de un tiempo a esta parte es más que evidente. El edificio de ahora, el actual, utiliza las tecnologías de vanguardia para facilitar al usuario su labor. Este es un auténtico reto profesional en el que la acelerada y ya inminente introducción de la informática, robótica, etc., plantea nuevos y complejos problemas cuya adecuada resolución hace que el hombre que desarrolla su actividad en un marco rico, amable y técnicamente capaz, rinda más. En la actualidad, los conceptos administrativos tradicionales han variado enormemente. Así, por ejemplo, los archivadores se han convertido en modernas bases de datos, las máquinas de escribir se mutan en monitores y teclados, y, en las mesas de trabajo se acumulan, desordenadamente, disquetes, cintas e impresoras.

Este cambio, como es obvio, no se produce de manera brusca. Poco a poco se va introduciendo una corriente nueva a través del tiempo. Debido a la falta de brusquedad, las técnicas tradicionales se siguen aplicando y como consecuencia se han seguido tratando "temas nuevos con conocimientos viejos". Conforme pasa el tiempo y a base de experiencia, se van depurando más los conceptos sobre esta nueva tecnología. Ya no son válidas las condiciones tipo de trabajo que existían hace algunos años. Tampoco sirven las instalaciones que antes se hacían, que si acaso, y como instalación fuera de lo común en un edificio administrativo de gran categoría, era la ubicación de un pequeño enchufe para una moderna máquina de escribir.

El progresivo desarrollo e implantación de las nuevas tendencias informáticas implica una transformación en la forma tradicional de realizar el trabajo. Informática y Ofimática se dan cita permitiendo integrar en un sólo sistema operativo todos los procesos y movimientos, tanto mecánicos como humanos y esto obliga, sin lugar a dudas, a una reorganización total de los elementos estructurales.

En resumen, la automatización a la que hemos hecho alusión ha variado por completo el concepto de oficina. Esta revolución consiste, entre otros, en un renovado concepto de espacio y de instalaciones. Se trata de dar forma a un espacio dentro del cual puedan desarrollarse libremente y de forma rápida el ciclo de gestión burocrática y administrativa, sin retrasos inevitables que frenen la eficacia productiva. La importancia que en este campo tiene la nueva tecnología es mucha y debemos concienciarnos de que es imprescindible agrupar conceptos y unificarlos. Una reciente encuesta, efectuada en Italia, ha permitido determinar que cerca del 90% del trabajo se verá afectado y modificado, en los próximos cinco años, por la introducción de nuevos medios de gestión y comunicación. El primer centro importante de comunicaciones de esta clase lo estableció Sylvania Electric Products, Inc., en un pueblecito llamado Camillos, cerca de Syracue, Nueva York, en 1954.

Los elementos simples de los que debe constar un edificio moderno, que vaya a albergar en su interior ordenadores, están divididos en tres zonas bien diferenciadas:

a) Zona del ordenador.
b) Zona de oficinas y despachos.
c) Zona de servicios comunes.

En este libro se hará más hincapié en el apartado a). Hemos dejado para otras posibles publicaciones el resto pero, sin embargo, se hará alusión a ellas.

Primera Parte
ARQUITECTURA

1

Condiciones constructivas

Si el edificio debe construirse tomaremos como norma general, antes incluso de dedicarnos a la arquitectura, unos criterios muy sencillos de elección, que también pueden ser útiles si se trata de la readaptación de uno ya construído. En primer lugar, y por motivos de seguridad externa, una construcción de estas características estará exenta de edificios colindantes o anexos. Se puede proyectar de forma que el bloque quede rodeado perimetralmente de un terreno lo suficientemente extenso para su protección. (Fig. 1)

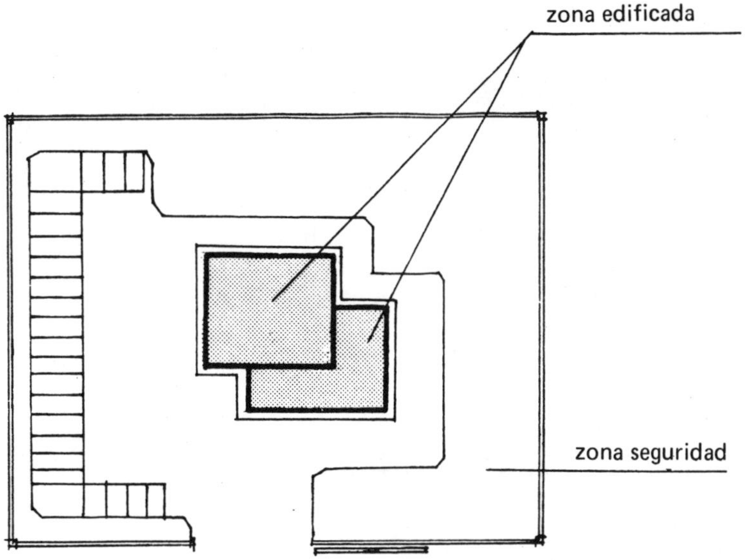

Fig. 1.

En segundo lugar y de la misma manera, no lo situaremos en un área industrial que por su actividad desprenda gran cantidad de polvo al exterior, ya que esto podría afectar considerablemente y de forma perjudicial a los ordenadores. También se tendrá en cuenta la presencia de determinadas industrias que puedan crear campos magnéticos o eléctricos de alta frecuencia, que producirían saltos y/o rayas en las pantallas. Los campos magnéticos pueden provocar el borrado total o parcial de los soportes magnéticos, cintas, cartuchos magnéticos, discos flexibles, etc.. Un campo magnético de 50 oersted (4.000 AT/M) es considerado como intenso, como puede ser en las proximidades de emisoras de radio o radar. A título orientativo, el campo magnético terrestre es de 0,5 oersted.

Tampoco es aconsejable proyectar el edificio en altura, debido a que sin duda, se perderá diafanidad y extensión horizontal, muy importante ésta para la instalación de ordenadores. Además, se deberán observar en todo momento las indicaciones dadas para las estructuras sismorresistentes, en previsión de posibles movimientos. La seguridad, en este tipo de edificios, "los torre" para la evacuación de personas es otro de los factores a tener en cuenta a la hora de su diseño; la relación en planta con una vía central de evacuación deberá ser inmediata y transparente debido a que cada día que pasa las regulaciones son más estrictas en cuanto a medidas de seguridad—distancia a un núcleo vertical: nos referimos, sin duda, a minimizar los recorridos desde cualquier punto del edificio para su rápido desalojo en caso de inminente peligro.

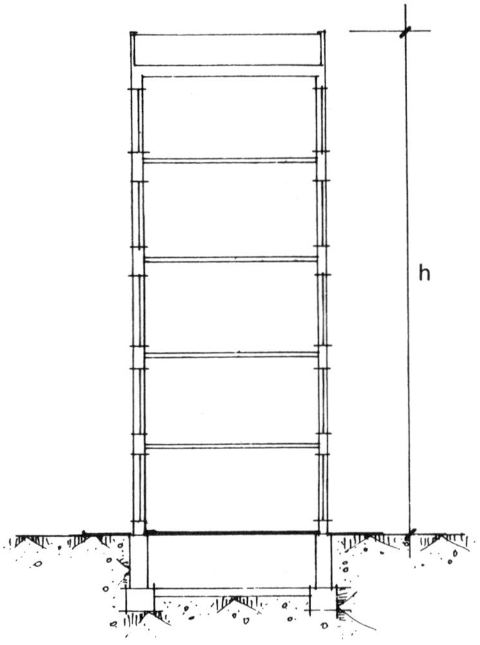

Fig. 2. *Edificio Torre. Esquema del edificio que con más frecuencia se nos ha presentado*

Si se dispone de suficiente parcela, terreno de construcción, lo aconsejable es hacer la edificación lo más extensa que sea posible horizontalmente, en planta. Con este sistema se conseguirían resultados más eficaces en cuanto a diafanidad, sismorresistencia, posible evacuación, seguridad, luminosidad... Deberemos cuidar que la relación con los patios y el sentido de salida sean muy simples y sencillos desde cualquier puesto de trabajo.

Consideramos esta característica de "edificios horizontales", lo más aislados posibles de otras construcciones, como edificio informático óptimo. Hemos podido ver los adelantos que han tenido lugar en el diseño e ingeniería. Los edificios de los años veinte se diseñaban para que dependieran de la ventilación natural y, en gran medida, de la luz natural y esa era la razón por la que el espacio no tenía mucho fondo y eran las ventanas las que proporcionaban luz y aire. Aun edificios tales como el Empire State y el Complejo del Centro Rockefeller representan un concepto de oficinas como una estructura de poco fondo, con el espacio para rentar construido alrededor de un núcleo central de servicios en el que están contenidos los ascensores, las escaleras, los servicios y las instalaciones de lavabos.

Edificio informático óptimo

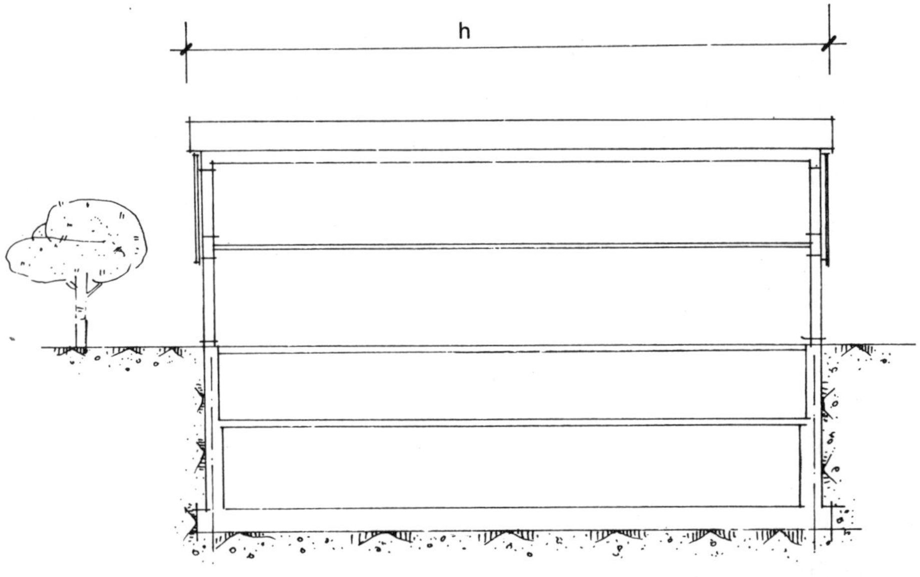

Fig. 3. *Edificio extenso en planta.*

Además, el estudio para la elección del edificio debe comprender todo lo que compete a la arquitectura tradicional y muy especialmente:

- Estructuras y sus resistencias.
- Suministros de energía eléctrica.
- Instalaciones.
- Seguridad.

Como ya hemos dicho en el prólogo, lo que parece más normal hoy es que el edificio esté ya construido y éste se tenga que someter a una remodelación profunda. La parte más importante a introducir por lo que tiene de nuevo es, sin lugar a dudas, la sala que se va a destinar a albergar a los ordenadores.

Sala del ordenador

Antes de realizar la obra civil de la sala anteriormente citada, se debe elegir la planta de ubicación de la misma atendiendo a unas condiciones mínimas:

1) Que el acceso para máquinas sea amplio.

2) Que no crucen la sala conducciones de agua horizontales ni verticales, excepto las específicas del aire acondicionado.

3) Que el suministro de energía eléctrica sea el adecuado. Comprobar si el centro de transformación de esta energía eléctrica es propio del edificio. Tiene importancia por lo que el lector descubrirá más adelante.

4) Que no existan interferencias electromagnéticas. Esto podría producir alteraciones y vibraciones en pantallas y máquinas, incluso acoplamientos.

5) Que el forjado presente la suficiente resistencia.

6) Según las máquinas a instalar, será además aconsejable observar:

   - Situación de pilares.
   - Situación de puertas.
   - Pasillos de seguridad.
   - Previsión de espacios en futuras ampliaciones.

Estos apartados se desarrollarán a lo largo del libro, enfocado siempre desde el punto de vista de la teoría de GRANDES ORDENADORES. Antiguamente, el ordenador estaba fabricado a base de tubos de vacío y relés electromagnéticos, los cuales disipaban una gran cantidad de calor; las averías eran frecuentes, requiriendo por este motivo instalaciones muy especiales y cuidadas. En un segundo acontecer y ya hacia el año 1960, aparecen ordenadores transistorizados con memorias de ferritas, y se empiezan a utilizar las primeras cintas magnéticas. Finalmente, en 1965 se emplean en la fabricación de estas máquinas circuitos integrados. Toda esta evolución da como consecuencia una reducción de los volúmenes físicos y una disminución de las exigencias de funcionamiento, además de la presencia de instalaciones totalmente distintas. Así es que, basándonos en esta teoría, podremos fijar otras ideas relacionadas con los denominados ''Minis'' y ''Micros''.

Parece que en la actualidad el ordenador central es más pequeño y menos exigente de lo que acostumbraba a ser. Esta falta de exigencia se produce a medida que las condiciones de funcionamiento avanzan y a lo largo del tiempo se han visto profundamente modificadas. En su lugar, tendremos muchos pequeños ordenadores pero, no obstante, éstos requerirán instalaciones especiales, muy parecidas a las que a continuación nos referimos.

Una vez llevada a cabo la elección de la planta del edificio más indicada (ajustados a los criterios anteriormente expuestos) y ya destinada, por tanto, a los equipos informáticos, puede encontrarse ésta dividida en varias zonas:

- Sala del ordenador (propiamente dicha).
- Sala de impresoras.
- Espacio para archivo, cintoteca.

Tanto el espacio destinado para las impresoras como el reservado para la cintoteca se pueden encontrar dentro o fuera de la sala destinada al ordenador.

Como norma general, parece más lógico que ambas se encuentren en la sala, pues disfrutarían de las instalaciones propias de ésta y no habría que duplicar el gasto, siendo éste más reducido. En determinados casos, hay que situarlas en locales anexos por la falta de espacio (ver cap. 2).

Es importante tener en cuenta el suministro de energía eléctrica (anteriormente citado) debido a que uno de los factores más esenciales para el buen funcionamiento de los ordenadores es el suministro correcto de ésta. Dicha energía presenta unas exigencias tales, que es comparable en la mayoría de los casos con la que se obtendría en un laboratorio, debido a que la energía empleada para estos fines debe presentar ausencia de variaciones.

Se han dado casos de oscilaciones mínimas que han perturbado de manera grave el rendimiento de trabajo. Otro factor fundamental es la interrupción súbita de suministro eléctrico. Los datos que se manejan, como es sabido, requieren gran laboriosidad en un centro de cálculo, por lo que pueden verse afectados e incluso destrozados por fallos de este tipo.

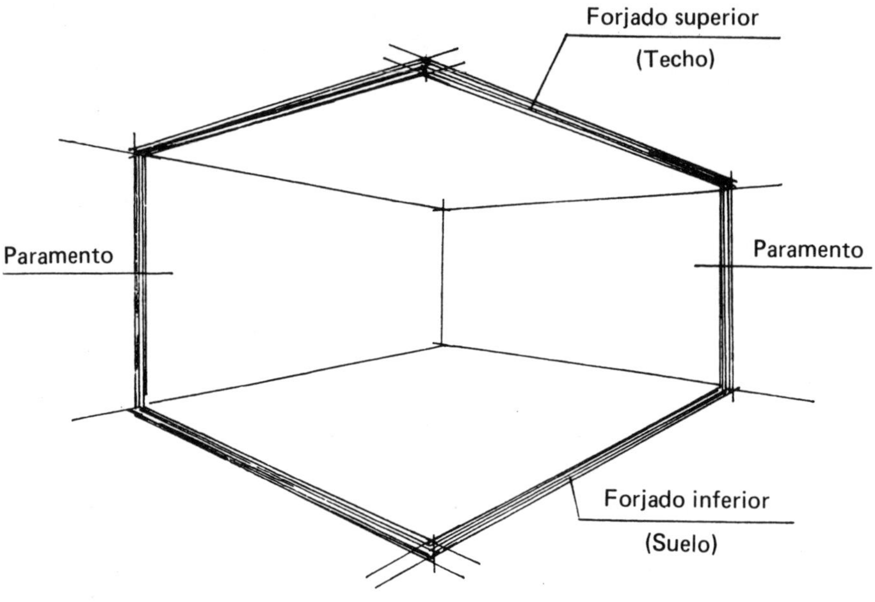

Fig. 4

Lo que se suele hacer es tener contratadas a dos o más compañías suministradoras y duplicar los equipos eléctricos para que, en caso de interrupción de una de ellas, inmediatamente y de manera automática se conecte la otra, además de emplear otra serie de "Ingeniosidades" para paliar estos males (ver capítulo de U.P.S. Unidad de Alimentación Ininterrumpida).

Lo dicho hasta el momento es aplicable también en la construcción de nuevos edificios, destinados a ser informáticos o semi—informáticos.

Pasemos ahora a dar "un paseo constructivo" por la planta en la que se va a situar la sala del ordenador. Hemos seguido la norma tradicional de arquitectura comenzando desde el suelo hacia el techo. Finalmente, lo que se ha obtenido es un cubo que presenta seis caras ideales para acometer la correcta instalación de los equipos.

Suelo real (Forjado inferior)

Un parámetro fundamental para la situación de la sala es tener en cuenta la resistencia por metro cuadrado del suelo (forjado) que será ideal a partir de 600/1500 kilos por metro cuadrado, debido a los elementos pesados a situar. Ya hemos dicho que, poco a poco, los ordenadores van reduciendo su volumen y tamaño y quizá en un futuro no muy lejano nos veamos obligados a proyectar de nuevo esta cifra de resistencia; no obstante, hoy por hoy, siguen siendo perfectamente válidas.

Un enemigo acérrimo y peligroso de los equipos informáticos son las partículas en suspensión conocidas vulgarmente con el nombre de polvo. Este perjudica de manera muy grave a los microcircuitos y componentes electrónicos. Se genera prácticamente de forma espontánea y sin excepción, y se puede dar, por tanto, en cualquiera de las partes del cubo ideal al que anteriormente hicimos alusión, es decir, en suelo, paredes y techo.

Pueden presentarse dos casos en el tratamiento de suelos en edificios readaptados:

- Suelos terminados con materiales que desprendan polvo, por ejemplo: parquet, moqueta... etc., en cuyo caso se procederá a quitar y reemplazar dichos materiales.
- Y suelos terminados con materiales que no generan polvo: terrazo, mármol, pavimentos de policloruro de vinilo (P.V.C.), etc. y, por tanto, no merecerán ninguna atención especial.

Mucho se ha estudiado sobre el tema y parece que el mejor resultado experimentado es la aplicación de algún tipo de pintura antipolvo. La forma de extender este tipo de pintura para obtener el resultado apetecido, es aplicar dos o tres manos cruzadas para que dicha aplicación sea lo más homogénea posible. Con esto ya hemos obtenido dos cosas importantes para la sala: un buen valor estructural y evitar o mitigar la generación de polvo.

Además, habrá que prever unos "pasos" en los forjados, tanto superior como inferior, para las diferentes conducciones, canalizaciones, etc. hasta el centro de transformación y pozos de tierra; estos pasos estarán lo suficientemente sobredimensionados para posibles ampliaciones.

También tendremos que prever los pozos de tierra.

Dentro de todo este contexto, es conveniente que el suelo real presente una ligera inclinación (según se muestra en las figuras) hacia una caldereta sifónica de desagüe, para conseguir una buena previsión en caso de inundaciones fortuitas o provocadas, cuya humedad afectaría a los equipos informáticos.

NOTA: *La instalación del desagüe sería como precaución en caso de que existiera alguna bajante o tuberías que discurriesen tanto horizontal como verticalmente.*

Será necesario que estos desagües sean sifónicos para evitar los posibles olores. Se recomienda que periódicamente se revisen y se rellenen de agua.

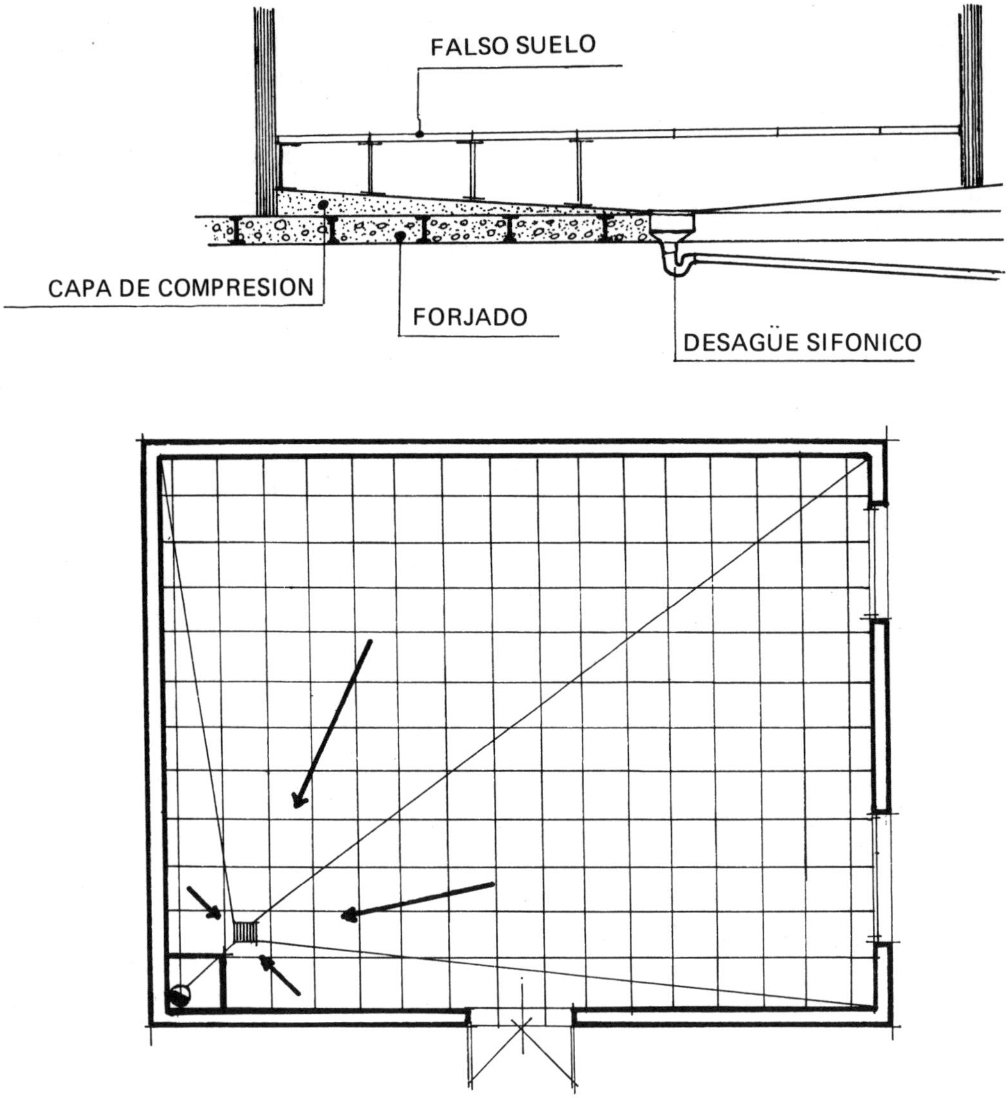

Fig. 5. *Ejemplos de desagüe con sus pendientes para recogida de agua en sala de ordenadores.*

Paramentos

Deben ser tratados con pintura anti—polvo aplicada directamente sobre el revestimiento que estos paramentos tuvieran al iniciar la obra. (ver aislantes en tratamientos de paredes).

Es importante tener en cuenta los pasos de los cables, sobre todo en caso de zonas compartimentadas dentro de la Sala, ya que dichos tabiques divisorios, por ir de suelo a techo, no permiten un paso "cómodo" para el interconexionado de las distintas unidades. Por tanto, habrá que prever unas aperturas según se muestra en la figura.

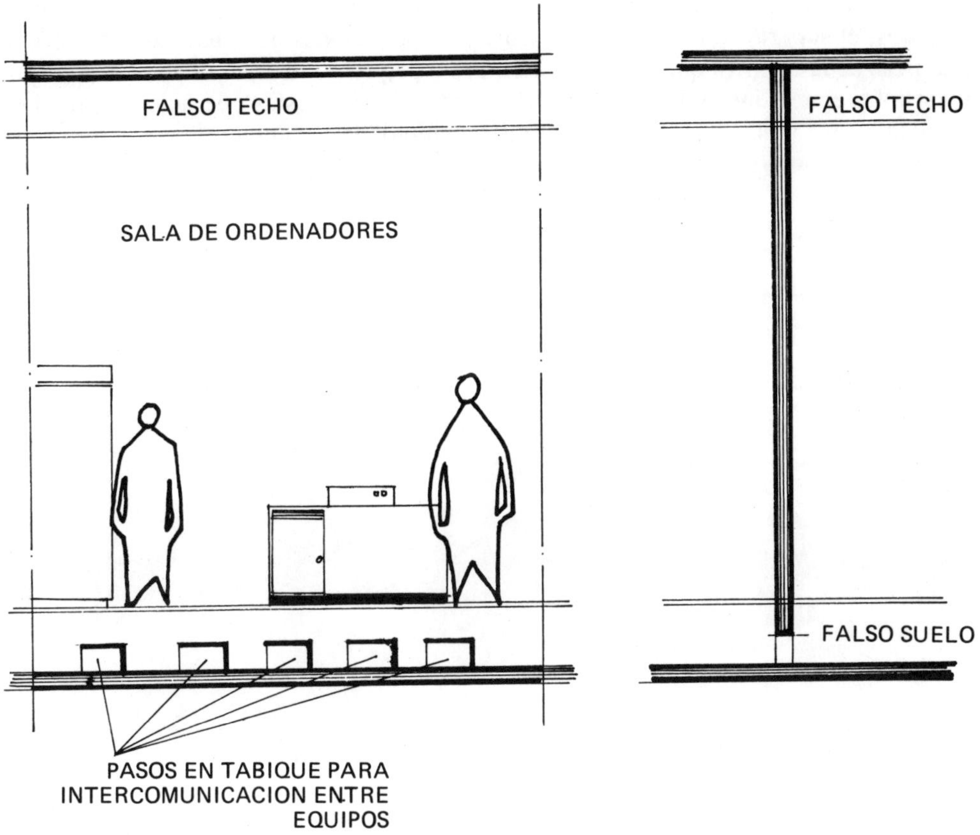

Fig. 6.

NOTA: *Habrá que tener en cuenta dichas zonas a la hora de dimensionar el aire acondicionado.*

Techo real (Forjado superior)

Se aplicará también pintura anti—polvo.

Hay que hacer notar que los apartados anteriores solamente están referidos al trato inicial de la obra, es decir, se ha actuado directamente sobre el material de las caras que ésta presentaba, hormigón, ladrillo, enfoscado, etc.

Es muy importante hacer una llamada de atención en cuanto a que, por ambos forjados, el superior e inferior, no discurren conducciones de agua, excepto las específicas de la Sala, ya que, en caso de rotura o pequeñas fisuras, la humedad perjudicaría las conexiones y los equipos. Una vez realizadas estas operaciones previas, es cuando se comienza la verdadera construcción de la Sala de Ordenador. Por tanto, como en otras obras tradicionales, habrá que proceder a:

1) Tratar el suelo.
2) Tratar paredes.
3) Tratar techo.

2

Tratamientos especiales

Tratamiento del suelo. Falso suelo

Los ordenadores no son máquinas con autonomía propia. Se trata de máquinas electrónicas que necesitan, además de una fuente de alimentación eléctrica, un innumerable ''ovillo'' de cables, (por lo menos, hasta el momento), para que funcionen. También son necesarias un sinfín de conexiones de todo tipo para la transmisión de datos, intercomunicación entre ellas, conexiones de pantallas, etc... Estos cables de interconexión no pueden trazarse por encima del suelo, porque forzosamente impedirían caminar fácilmente por la sala. De ahí que surja la necesidad de sobre—elevar el suelo y canalizar todos los cables por debajo de éste, además de que sirva como aislante de las distintas corrientes inducidas que, sin lugar a dudas, se generan.

Lo que se consigue con el falso suelo se puede resumir en tres puntos fundamentales:

a) Permitir cambios en la situación de unidades.

b) Dar seguridad al personal.

c) Como plenum de aire acondicionado.

Un falso suelo puede construirse en acero, en aluminio o en madera resistente al fuego. Todos estos suelos son excesivamente rígidos y difícilmente manejables, ya que, en la mayoría de los casos, sc construyen "in situ" y de una sola pieza y, por tanto, no son aprovechables totalmente para otras instalaciones una vez fabricados. Actualmente, la solución que mejores resultados ofrece es el denominado "falso suelo de acceso libre", que consiste en unos "pedestales" regulables, en los cuales se apoya una estructura que permite encajar de manera sólida las baldosas.

La regulación de estos pedestales es importante para el correcto nivelado del falso suelo.

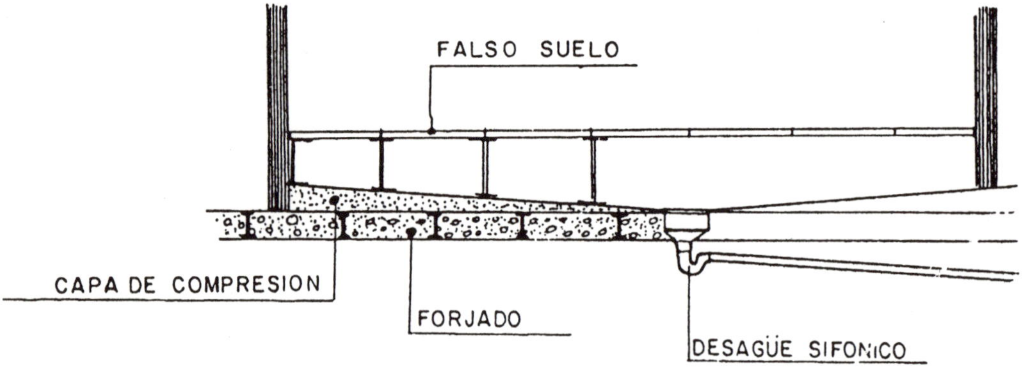

Fig. 7. *Importancia de la regulación de los pedestales.*

Como se puede apreciar en la figura, este tipo de falso suelo consta, generalmente, de unas losetas de 60 x 60 cm. Además, existen otras medidas. Estas baldosas suelen ir apoyadas sobre una estructura metálica que forma una retícula elevada en altura debido al pie de elevación regulable.

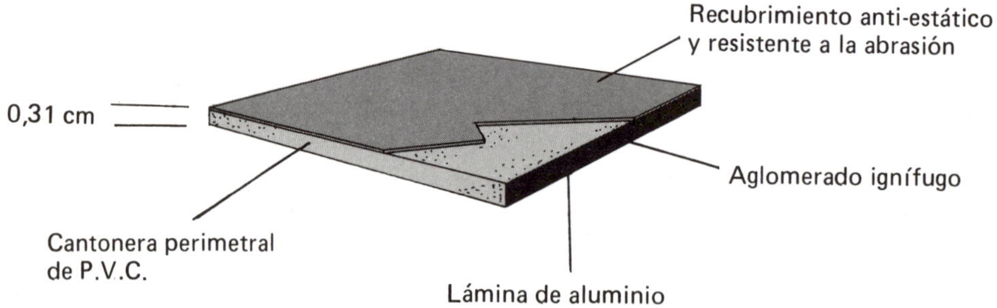

Fig. 8.

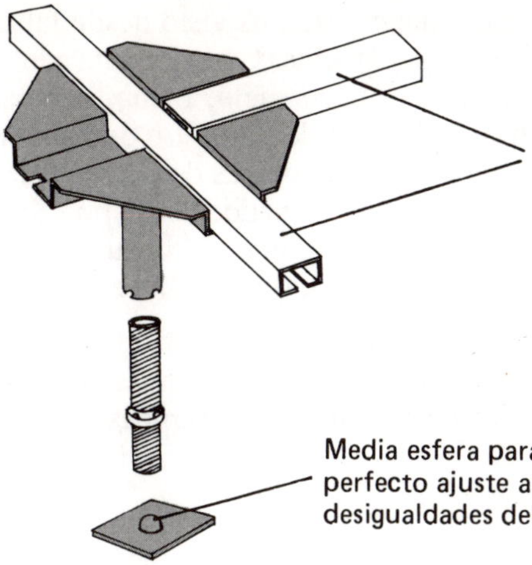

Fig. 8. *(continuación).*

NOTA: *El apoyo de las baldosas sobre la armadura de arriostramiento no será de material que genere partículas de polvo (corcho no).*

La elección del material para las baldosas será escrupulosa y selecta. Hay que descontar las moquetas, sobre todo, porque debido a su composición sintética, en la mayoría de los casos es dada a desprender gran cantidad de polvo, además de la capacidad que poseen estos materiales para generar energía estática.

Tenemos que hacer notar que este tipo de falso suelo propuesto parece el más idóneo de cuantos conocemos. Efectivamente, al tener sus losetas accesibles, los cables que circulan por debajo pueden ser registrables en todos y cada uno de los puntos de su trazado.

Existen otras soluciones apropiadas para pequeños ordenadores o en salas ofimáticas; por ejemplo, la de John Pile que, a base de placas moduladas y reforzadas inferiormente con un cerco perimetral de 25,4mm de altura, consigue efectos sorprendentes en el trazado de cables y conexiones.

También se está experimentando otro tipo de materiales para baldosas como es el caso del granito. Entre otras de sus características, cuenta con ser muy limpio, no combustible, resistente a la rotura. Como contrapartida, es pesado, caro y difícilmente sustituible debido a que en caso de reposición es difícil obtener las mismas formas.

La resistencia eléctrica ''R'' de las baldosas debe estar comprendida entre 2×10^5 y 2×10^{10} ohmios. Hay que tener en cuenta la elección del material en este sentido para que no se produzcan descargas eléctricas desagradables o peligrosas.

En cuanto a la altura deseable del falso suelo parece que no existe una regla que determine con precisión este parámetro. Conocemos diversidad de salas y en cada una varía, según necesidades. Hemos visto desde falsos suelos accesibles, hasta alturas que oscilan entre 20 y 40 cms. Como norma general, se puede decir que cuanta más altura se consiga en el falso suelo, menor problema habrá para el registro de cables, reparación y sustitución de éstos. Lo deseable es que se encuentre comprendido entre 40 y 50 cms. Ya que, además de para cableado, este falso suelo se utilizará como plenum de aire acondicionado. Pensemos ahora, que una sobre—elevación por encima de los 50 cms. haría que el consumo de frigorías se encareciese muy por encima de lo previsto, lo cual nos parece fuera de toda razón.

El acceso a este desnivel se realizará mediante rampas fijas, con una pendiente máxima del 8%. En ningún caso se salvará a base de escalones, debido a que es preferible el arrastre de máquinas por rampas.

Fig. 9. *Sistema de canalización bajo falso suelo. Detalle de canaleta bajo el falso suelo para la conducción de corriente eléctrica y de teléfono para los distintos puestos. En los puntos de encuentro de dichas canaletas van las distintas tomas para corriente con su tapa.*

Ejemplos de rampas para salvar alturas en falsos suelos

Fig. 10. *Rampa exterior a la sala.*

Fig. 11. *Rampa interior a la sala.*

Fig. 12. *Rampa exterior a la sala.*

El desarrollo de las rampas se verá forzado por la altura máxima del falso suelo y la distancia posible de recorrido en planta.

Norma general: A mayor distancia en el plano horizontal, rampas más suaves.

Por último, y como recomendación para la instalación de la estructura del falso suelo, se observará que los tubos de ésta que sirven de base, no deben ser de longitudes superiores a 1,20 m., ni inferiores a 0,60 m. Los tubos de 0,60 m. serán útiles para remates a la pared. La longitud ideal será de 1,20 m. formando una trama según se muestra en la fig. 14.

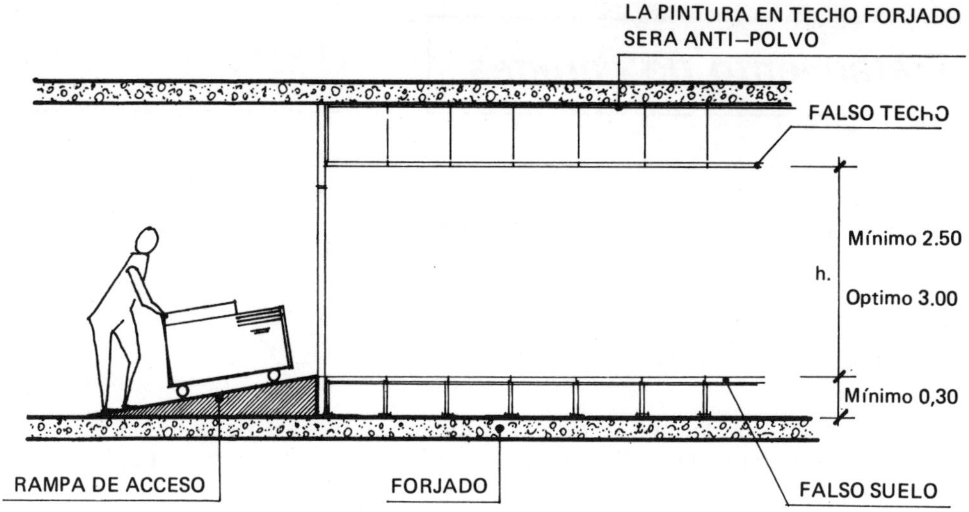

Fig. 13.

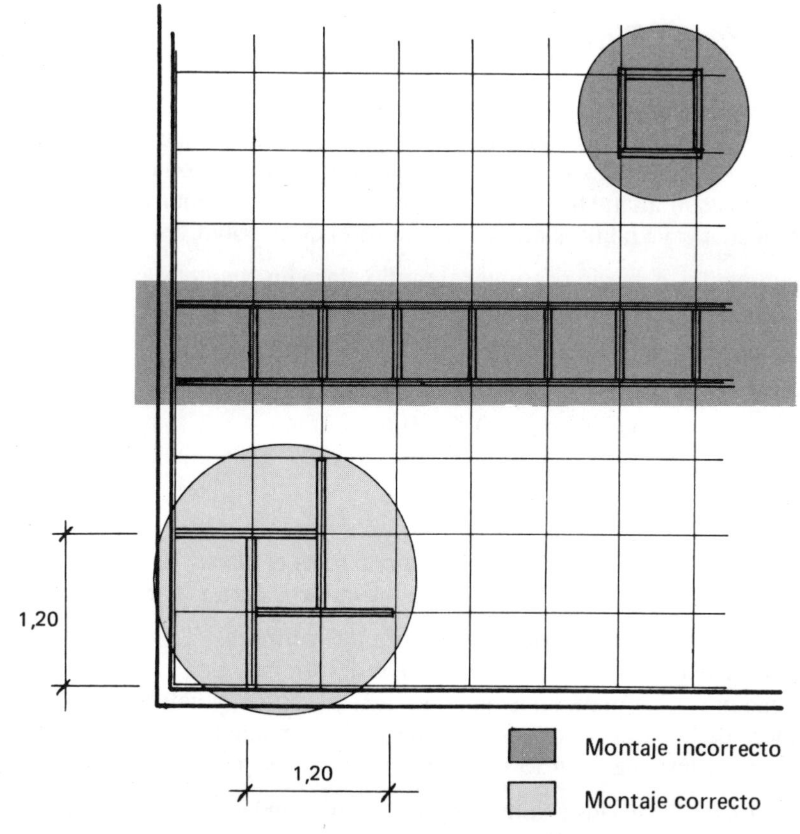

Fig. 14. *Situación en planta.*

Tratamiento de paredes

El acabado de las paredes requiere una especial atención desde su primera fase, que sería el tendido de yeso, y una segunda, que es la pintura como posible terminación.

Primera fase: Tendido de Yeso

La atención especial que se estima requiere este yeso sería la unión con otros materiales, tales como la Perlita, cuya composición se detalla en el capítulo dedicado a aislante.

Segunda fase: Pintura

La pintura plástica sería la solución idónea junto con papeles vinílicos para este tipo de terminación. No obstante, hemos detectado casos en que los paramentos están revestidos de materiales poco aconsejables debido a que son dados a desprender polvo y además son altamente combustibles y tóxicos. La pintura a la que se alude no será reflectante y, como siempre, no desprenderá polvo.

Los paramentos deberán presentar un tono claro en cuanto al color. El factor de reflexión de las superficies, estará comprendido entre límites del orden de:

- suelos .... 0,2 a 0,4
- paredes .... 0,4 a 0,6
- techos .... 0,6 a 0,8

Debido al gran número de horas transcurridas en el puesto de trabajo, se ha calculado que dichos factores de reflexión son los idóneos para evitar reflejos molestos.

Hay que proyectar con esmero la textura de las mesas. Las grandes empresas dedicadas al diseño y fabricación del mueble de oficina, están en constante evolución para encontrar los materiales que convienen: confort y calidad. Así, por ejemplo, el tablero de la mesa de trabajo no debe ser reflectante por el efecto que el brillo puede causar en la vista, con lo que sería conveniente una terminación mate.

Se evitarán, por tanto, los colores saturados para grandes superficies, ya que pueden distraer la atención del operador. Para tener orden de magnitud y como ejemplo ilustrativo, recordemos que el papel blanco que se utiliza normalmente para escribir, presenta un factor de reflexión de 0,8 a 0,9.

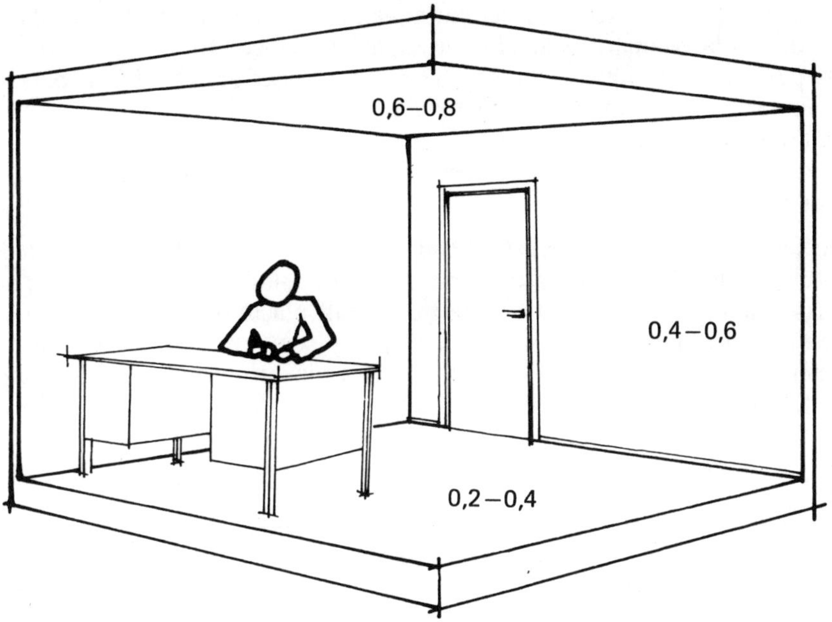

Fig. 15. *Factores de reflexión.*

Tratamiento del techo

El revestimiento del forjado superior se realizará con un falso techo al modo tradicional, teniendo en cuenta que, además, puede servir de plenum para el aire acondicionado y, como ocurría con el falso suelo, también para ocultar las interconexiones de los equipos eléctricos o los de alarma y el trazado de las conducciones de extinción de incendios.

Para la construcción del falso techo se deberá evitar el empleo de la plancha de escayola tradicional, pues debido a su composición es dada a desprender gran cantidad de polvo, a pesar de ser tratada con pintura a tal efecto.

En cuanto a combustibilidad, las placas deben ser elegidas con mucho cuidado y su coeficiente de inflamación será muy bajo (M2). En el mercado se están introduciendo placas de fibra mineral que por su composición cumplen con creces las características exigidas.

Los falsos techos deberían ser, y en ello debemos empeñarnos, lo suficientemente versátiles, de manera que cualquier inspección acometida o conexión no suponga un deterioro de sus acabados al ser manejado por manos poco cuidadosas de su integridad. Es importante establecer que la implantación de falsos techos y falsos suelos, respecto a la compartimentación de espacios, deben coincidir con los ejes de reparto, para evitar insólitas entregas y despieces. Nunca se deberá distribuir la retícula de un falso techo, sin haber analizado a fondo la mejor y más idónea propuesta de alumbrado, de forma que ésta establezca las fuentes de luz necesarias para cada área de trabajo, definiendo así las directrices de los ejes primarios que todo sistema de falsos techos posee.

Además del polvo y la combustibilidad, para su elección hay que tener en cuenta la absorción acústica, muy importante para la transmisión de ruidos hacia las plantas contiguas. Parece ser que las anteriormente citadas (placas de fibra mineral) también cumplen con el requisito de absorción acústica y según el grosor de la placa y el componente de fibra mineral que se utilice, se encuentran recogidas dentro de las normas DIN (52210) de 1982. Véase el cuadro resumen que se refleja a continuación.

ATENUACION ACUSTICA SEGUN NORMA ALEMANA DIN 52210							
Espesor	**Techo solo**	**Con lana mineral de densidad 36kg/m³ Espesor de lana**					
		20 mm	**40 mm**	**60 mm**	**80 mm**	**100 mm**	**120 mm**
15 mm	34 dB	(38dB)	41 dB	(44dB)	(47dB)	50 dB	(52dB)
15 mm	38 dB	41 dB	45 dB	48 dB	50 dB	(54 dB)	56 dB
15 mm	(37 dB)	(41 dB)	(44 dB)	(47 dB)	(50 dB)	(53 dB)	(55 dB)
15 mm	41 dB	45 dB	(48 dB)	(51 dB)	(54 dB)	(57 dB)	(59 dB)
15 mm	(34 dB)	(38 dB)	(41 dB)	(44 dB)	(47 dB)	(50 dB)	(52 dB)
17 mm	(35 dB)	(39 dB)	(42 dB)	(45 dB)	(48 dB)	(51 dB)	(53 dB)
17/18 mm	(35 dB)	(39 dB)	(42 dB)	.(45 dB)	(48 dB)	(51 dB)	(53 dB)
19/20 mm	36 dB	(40 dB)	(43 dB)	(46 dB)	(49 dB)	52 dB	(54 dB)

Los coeficientes de absorción de sonido se expresan en bandas de octava, en frecuencias que oscilan entre 125 a ...... 4000 Hz. siendo el promedio de absorción de 2,50, 500, 1000 y 2000 Hz. La densidad de las placas de fibra mineral dan una superficie con una densidad de 200 a 460 seg/m³.

En resumen, lo que fundamentalmente debe cumplir un falso techo en sala de ordenadores es:

1) Ausencia de polvo.

2) No combustible.

3) Absorción acústica.

Si hemos hablado de la fibra mineral es porque nos ha parecido la más idónea; no obstante, existen en el mercado infinidad de casas instaladoras de paneles de este tipo que podrán asesorar en cuanto a la viabilidad constructiva del local.

Con lo expuesto hasta aquí, ya tendríamos, a groso modo, el recinto: una planta del edificio, preparada para albergar de una manera física a los ordenadores. Como observará el lector, lo que se ha hecho hasta ahora es construir y revestir un "cubo hipotético", es decir, tenemos el suelo, las paredes y la tapa (techo). Lo que debemos definir ahora es qué altura será ideal para este cubo.

Estas alturas son muy importantes y uno de los factores fundamentales a tener en cuenta para la elección de la planta donde se ha de situar la sala del ordenador.

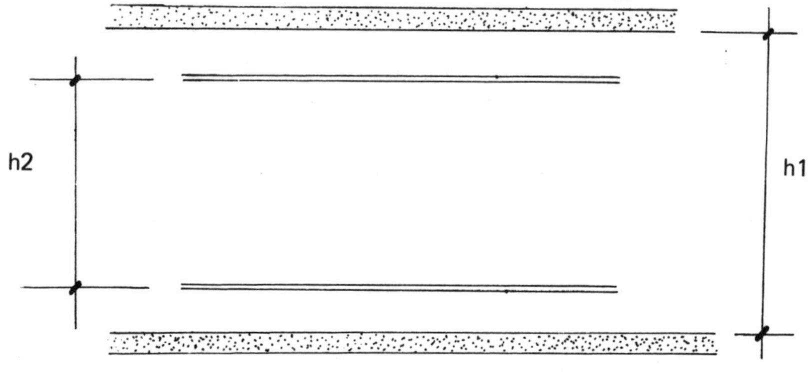

Fig. 16. *(h1) = altura entre forjados y (h2) = altura libre; h2 es la altura comprendida entre el falso techo y el falso suelo y deberá ser de unos 3,00 m. y en ningún caso, inferior a 2,50 m., según las normas de seguridad e higiene.*

Puertas y ventanas

Puertas

Las puertas deberán abrir hacia afuera y tendrán las siguientes dimensiones:

- anchura: entre 1,40 y 1,60
- altura: mínimo 2,15

Estas son las dimensiones que mejor se adaptan para el tráfico de maquinaria.

Ventanas

Lo ideal para estas salas es que no formen parte del cerramiento exterior aunque, por el contrario, el caso más general y más común es que sí formen parte de este cerramiento. Actualmente, en la moderna edificación en la que el cerramiento exterior (muros cortina) es de cristal, se tendrá en cuenta que los cristales sean dobles y con cámara de aire para la climatización y con filtros de calor solar, dado que los rayos del sol pueden ser perjudiciales para el buen funcionamiento de algunos elementos del ordenador. Para evitarlo, debemos dotar a las ventanas de unas cortinas que podrán ser de lamas horizontales o franjas verticales para graduar el paso de luz natural.

Téngase en cuenta para estos casos el material a emplear: que no sea combustible, que absorba los ruidos y que no desprenda polvo.

3

Aislamiento acústico y térmico

Aislamiento acústico

Se define acústica como la ciencia que abarca todo cuanto se refiere a las propiedades, producción, propagación y recepción del sonido. De lo que se trata, por tanto, es de "permitir oír bien, aquello que se deba y evitar oir el resto".

En la Sala del Ordenador, generalmente, no se exigen niveles acústicos acusados, debido a que es poco el personal que realiza allí un trabajo que requiera un nivel de concentración alto, pero sería conveniente amortiguarlo. La Sala del Ordenador se diría que es el corazón del edificio en el cual son naturales las palpitaciones sonoras. No obstante, para dimensionar la Sala, se suele adoptar un criterio básico que consiste en separar las máquinas más ruidosas, como impresoras, reproductoras y en general todas aquéllas que comportan elementos mecánicos de rotación, traslación o impacto. Una fuente generalizada de ruido la constituyen las salidas de aire acondicionado. Ello obliga en el proyecto a especificar niveles máximos admisibles para tales salidas. Esto supondrá en determinados casos reducir la velocidad de salida del aire o incluso la instalación de filtros acústicos, tanto en los conductos como en las salidas. Pero, consideramos que para Salas de Ordenadores, esto es un lujo.

En la figura anterior se encuentra representada una Sala de impresoras aislada del resto con mamparas. Obsérvese que en la parte superior existen unas lamas de ventilación con filtros para evitar el polvo.

La técnica acústica consiste en reducir la propagación del ruido por diversos métodos: apantallamiento, absorción o combinación de ambos.

Debido al falso suelo y el falso techo, las Salas quedan reducidas a espacios cuasidimensionales con dimensión de altura muy inferior a las otras dos dimensiones.

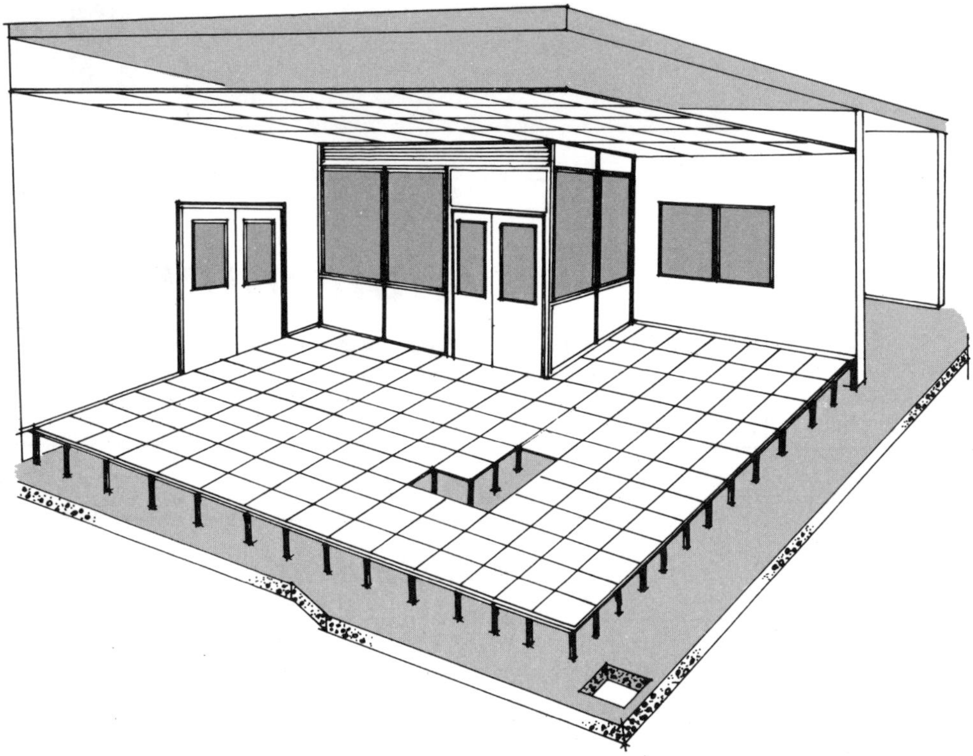

Fig. 17

Esto da lugar al llamado "Efecto Túnel" de canalización del sonido. De ahí la importancia de instalar un techo acústico absorbente.

Por otra parte, dada la poca altura de los techos disponibles para Salas, oficinas, etc., las plaquetas corrientes para techos acústicos contribuyen poco a evitar el efecto túnel, ya que su poder absorbente disminuye con ángulos de incidencia pequeños que se acercan a la incidencia rasante. Para lograr una mayor absorción a incidencias próximas a la incidencia rasante, es aconsejable consultar con las distintas casas suministradoras de placas acústicas.

A todo esto se debe añadir que obras de fábrica presentan atenuaciones del orden de 50 dB — A, lo que resulta en la mayoría de los casos más que suficiente para garantizar niveles de inmisión aceptables. El problema lo plantean los huecos, generalmente, las ventanas en fachadas. Estos elementos constructivos presentan atenuaciones que pueden encontrarse alrededor de los 15 db —A para ventanas simples. El uso de doble acristalamiento o de dobles ventanas pueden elevar esta atenuación a 30 db —A o más.

Los límites establecidos adecuados son de 55 dB para actividades intelectuales y de 65 dB para otras actividades.

En muchos casos, el trabajo de un operador de pantalla requiere una especial concentración o atención, que puede verse perturbada por la existencia de altos ruidos, generalmente producidos por las impresoras u otro tipo de máquinas de oficina. Lo ideal es que no se sobrepase los 60 dB. —A.

Aislamiento térmico

De una forma genérica, la necesidad de ambientación de temperatura de un edificio depende, evidentemente, del poder aislante de su cerramiento, pero también de su situación y diseño. La construcción con diseños de plantas y alzados cuyas superficies exteriores sean mínimas con relación al espacio contenido, en principio, es la mejor desde el punto de vista termo—acústico.

En verano, las paredes acumularán el calor del exterior radiándolo al interior y creándose, por la diferencia de temperatura, unas corrientes de convección causantes de algunas incómodas sensaciones que la refrigeración no logrará hacer desaparecer totalmente. Lo que deberemos hacer, por tanto, es tratar de aislar en la medida de lo posible, de manera que, tanto en invierno como en verano, la climatización pueda rendir a pleno ritmo.

Se habrá de tener en cuenta el aislamiento del interior, aislamiento en la cámara de aire, aislamiento exterior, puentes térmicos, esquinas, cerramientos de separación con otros edificios o locales no climatizados... etc.

Para que exista bienestar térmico durante los distintos períodos del año, la temperatura recomendable tiene que oscilar entre los 18°C y 26°C, en invierno y alrededor de los 26°C en verano, siendo deseables en general de 20°C a 24°C. Esta temperatura se puede mantener dentro de estos valores gracias al aire acondicionado.

Además, existe una amplia gama de aislantes térmicos. Una solución muy apropiada y utilizada es la mezcla de escayola y perlita expandida, conocida con el nombre de Perlesca. Esta unión tiene una característica fundamental y es su incombustibilidad, ya que se encuentra clasificada como MO. La mezcla se realiza en las proporciones siguientes: 30—40% de escayola y perlita del 60—65%; su coeficiente de conductividad térmica es de 0,60 kcal/h °C.m. La densidad del producto final, una vez amasado con agua y fraguado en seco, es de 0,70 gr/cm^3.

Su utilización se puede llevar a cabo en guarnecidos y enlucidos en suelos flotantes, revestimientos de vigas y pilares... etc.

Otro de los productos apropiados lo constituye la Vermiculita por su peso ligero, buena resistencia al choque térmico, resistentes a temperaturas de hasta 1.100 °C. Se trata de un mineral cuyos componentes básicos son los silicatos de aluminio, los de hierro y magnesio fundamentalmente.

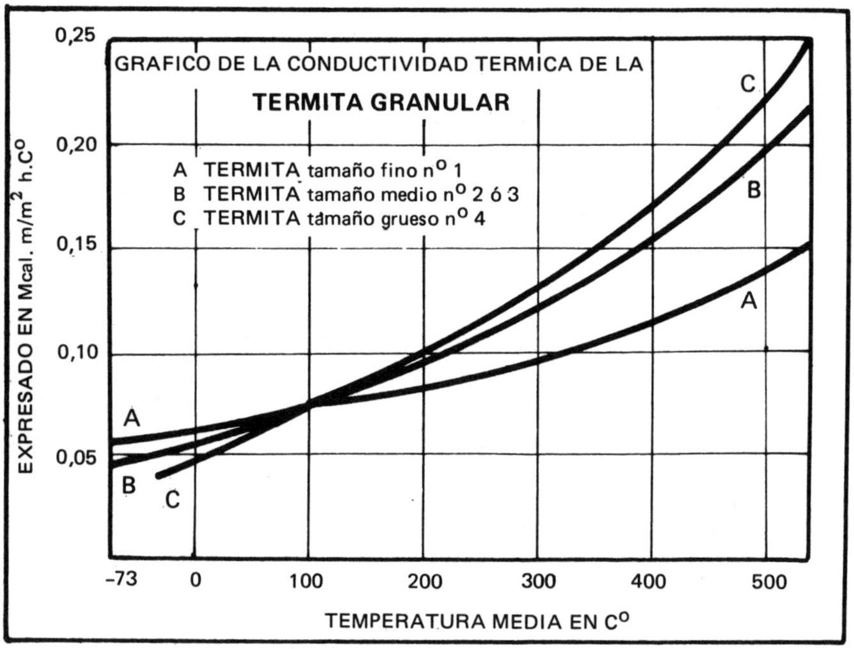

Fig. 18. *La termita tiene baja capacidad calorífica y elevadas propiedades aislantes.*

Segunda Parte
INSTALACIONES

4

Instalaciones eléctricas para la sala del ordenador

Cuadros y sistema de emergencia

Se instalará dentro de la sala de ordenadores un cuadro eléctrico general, lo suficientemente amplio para posibles modificaciones. Deberá poseer distribución de fuerza a posibles máquinas con acometida trifásica, además de neutro y tierra dotado de contactor general; diferencial de alarma y pulsadores en serie de corte de corriente de emergencia, todo ello identificado en el propio cuadro de acceso a la Sala y en la salida de emergencia que actúa sobre el contactor.

Para otra modalidad de ordenadores, se puede prever un tipo distinto de cuadro que, al igual que el anteriormente citado, tendrá acometida trifásica, neutro y tierra. A la entrada llevará un contactor general y una protección diferencial III + N de 40 y 30 mA que no llevaba el anterior, del que se tomarán, procurando equilibrar las fases, las alimentaciones monofásicas a los interruptores magnetotérmicos de protección de las derivaciones a las diferentes unidades del sistema. Este cuadro también estará dotado de similares pulsadores en serie, de corte de corriente actuando sobre su contactor.

Los circuitos derivados, que proceden de estos cuadros y que van a todas las unidades de ordenadores, deberán ser trazados bajo tubo traqueal metálico plastificado y terminarán en cajas de conexiones estancas aisladas y plastificadas que alojarán las clemas o bases de enchufe especificadas. Todos estos circuitos discurrirán sin anclajes bajo el falso—suelo.

Ya se dijo anteriormente que una solución aconsejable era contratar a dos Compañías eléctricas para que el suministro no se interrumpa.

Las alimentaciones a estos cuadros procederán de la Unidad de Alimentación Ininterrumpida (U.P.S.). Estarán debidamente protegidas y las secciones de los conductores calculadas para posibles ampliaciones del orden de un 50% más. Las canalizaciones para acometidas de corriente a los cuadros también serán suficientemente amplias para permitir posibles cambios. Los pulsadores de corte de corriente de los cuadros de ordenadores y del cuadro general de climatización, descrito más adelante, se deben situar en la salida de emergencia y se pueden unificar en uno solo, debidamente identificado.

Fig. 19

La resistencia máxima de la toma de tierra debe ser de 3 ohmios, preparada para garantizar un aislamiento de los circuitos conectados, así como su periódica revisión.

El cable general o cables de tierra para la Sala de Ordenadores deberá tener una sección mínima de 35 mm^2, o igual a la de una fase, si ésta es mayor. Se debe tener en cuenta que los pozos o picas han de ser regados abundantemente y con frecuencia para mantener las condiciones de protección.

Se trata, por tanto, de ofrecer el camino de más baja impedancia a las altas frecuencias producidas e indeseadas.

Placa supresora de transientes

Esta placa tiene como propósito facilitar una derivación rápida y eficaz a la tierra de los ruidos eléctricos generados en cualquier punto de la Sala de Ordenadores.

Es importante que el fluido eléctrico sea constante y no se deben admitir variaciones superiores al 2% en cuanto al voltaje, debido a que si se producen "picos de tensión" hacen que se alteren los tratamientos de información.

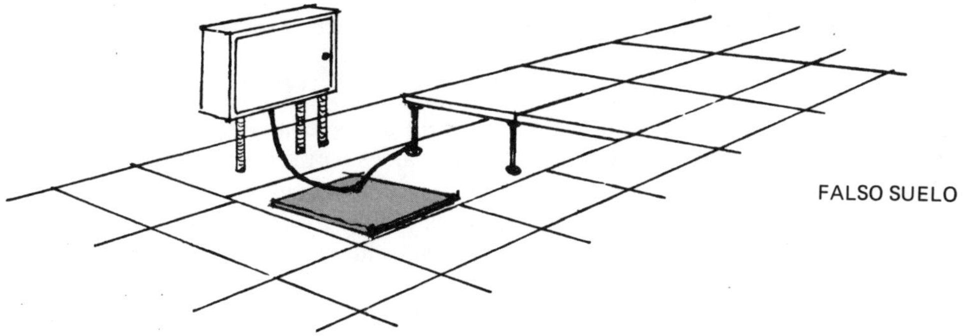

Fig. 20

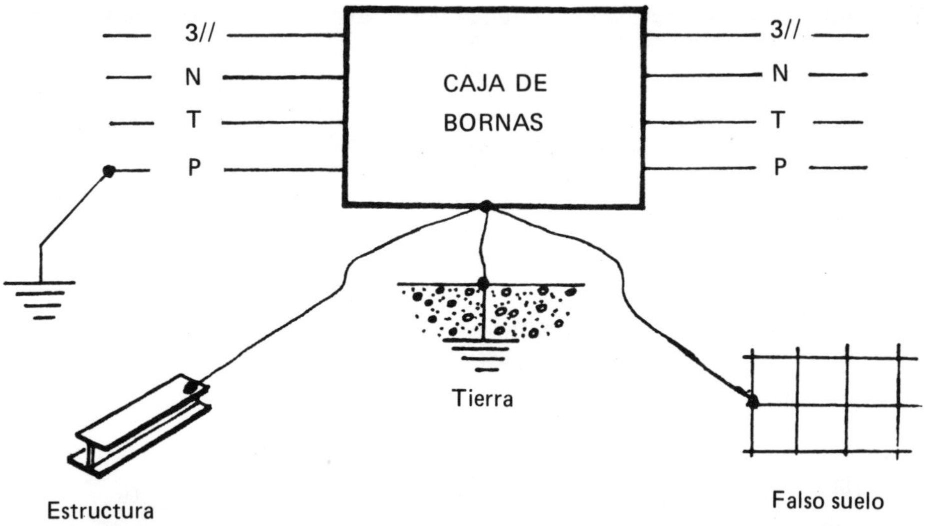

Fig. 21. *Esquema caja de conexión.*

Tiras de malla lo más cortas posible, uniendo la tierra del panel a la placa (P.S.T.) y a la armadura que sujeta el falso suelo.

Además, la frecuencia debe estar comprendida en un rango de variación de 1 a 0,1 ciclos. Cualquier desviación sobre estos intervalos ha de ser detectada y producirá una señal de alarma. Esta señal debería estar conectada a un mecanismo automático de conexión del equipo.

Iluminación

Las últimas tecnologías en la proyección y aprovechamiento de las fuentes de luz están consiguiendo unos rendimientos lumínicos sorprendentes, no sólo en la reflexión y control de todos los haces de luz, sino incluso en el reducido consumo y en el dominio del espectro luminoso para usos y fines concretos, siendo muy importante utilizar los artefactos necesarios para cada función específica.

De cualquier forma, es fundamental decidir el tipo de temperatura/color adecuado en cada caso. Una buena estrategia es combinar alumbrado fluorescente de iluminación general con puntos de alumbrado incandescente o halógeno para resaltar detalles ornamentales, informativos o de tráfico con lo que se valoran mejor los diferentes ámbitos y, sobre todo, se personalizan y resultan más atractivos visualmente.

Como norma general, se recomienda para trabajos de oficina que la intensidad luminosa sea superior a 150 lux.

Según Grandjean, las indicaciones a tener en cuenta para una buena disposición y repartición conveniente de los siguientes dispositivos de alumbrado son las siguientes:

a) Ninguna fuente luminosa debe aparecer en el campo visual de los empleados cuando se trabaja.

b) Todos los dispositivos deben estar equipados de tal forma que, de pantalla a fin, la luminosidad no sobrepase 0,3 sb en general y 0,2 sb en el puesto de trabajo.

c) La línea desde los ojos a la fuente luminosa debe tener un ángulo de 30° con la horizontal (Fig. 22).

Si el ángulo inferior no se puede evitar en las grandes salas, la fuente luminosa deberá estar equipada con pantallas.

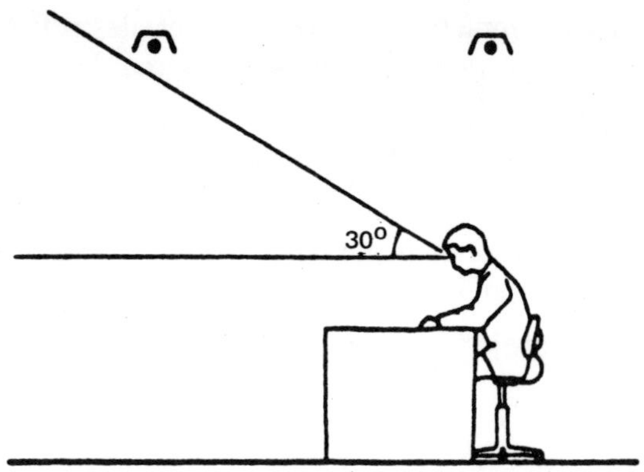

Fig. 22.

En la Fig. 23, a la izquierda, vemos una mala disposición de un dispositivo único, que se refleja sobre la línea de visión del operador implicando un deslumbramiento directo. A la derecha aparece una buena disposición de los dos dispositivos, evitando así que el operador se encuentre deslumbrado.

d) Los tubos fluorescentes deben estar situados perpendicularmente a la línea de visión.

e) Con relación al plano de trabajo, los dispositivos luminosos deben estar situados en una dirección tal que no coincida con aquélla hacia la cual el operador debe mirar más a menudo.

En un campo visual no debe entrar ninguna reflexión que cree un contraste superior a 10,1.

Fig. 23.

f) Habrá que evitar el empleo de colores y materiales reflectantes para las máquinas, aparatos, superficie de la mesa, tableros de control, etc.

Las condiciones de iluminación para trabajar en oficinas no son válidas en el caso mencionado, ya que los niveles de iluminación deben ser más bajos, con el fin de evitar excesivos contrastes.

Por el contrario, la iluminación general debería ser lo más uniforme posible, evitando brillos excesivos y grandes contrastes.

La iluminación para trabajos con terminales de ordenador estará determinada por lo siguiente:

- Será principalmente natural con las pantallas dispuestas perpendicularmente a las ventanas, no apareciendo ninguna de éstas en el campo visual del operador. De ningún modo se colocarán pantallas a contra—luz.
- La luz natural se tamizará con persianas, preferentemente de lamas verticales. Su color será distinto al de las paredes, pero no muy opuesto.
- La iluminación del local debe ser menos intensa que la de la pantalla y la de ésta, del mismo orden que la de la documentación que se utilice.
- Los valores de iluminación recomendados son de 300 a 500 lux en la mesa del puesto de trabajo y entre 150 y 300 lux en la pantalla. Esto no influye para que en determinados casos sean confortables mayores valores de iluminación en el ambiente laboral por convenir para otros propósitos.
- El factor de reflexión del techo será de 0,6 - 0,8 y del suelo de 0,2 a 0,4. (Ver figura 15).

Se recomienda no sobrepasar las relaciones de luminosidad siguientes para luminarias:

- *Tres,* entre puestos de trabajo y su entorno inmediato.
- *Diez,* entre las diferentes zonas del entorno.
- *Veinte,* entre luminarias y techo.
- *Veinte,* entre ventanales al exterior y las partes opacas adyacentes.

Según datos de una encuesta realizada en nuestro país, el 72% de los trabajadores tienen la vista cansada y el 64% picores y ardores en los ojos. Por ello, en salas donde se utilicen las pantallas como herramientas de trabajo, deberemos tener muy en cuenta que, a ser posible, la iluminación sea principalmente natural, con las pantallas dispuestas perpendicularmente a las ventanas, no apareciendo ninguna iluminación en el campo visual del operador. De ningún modo se colocarán pantallas a contraluz.

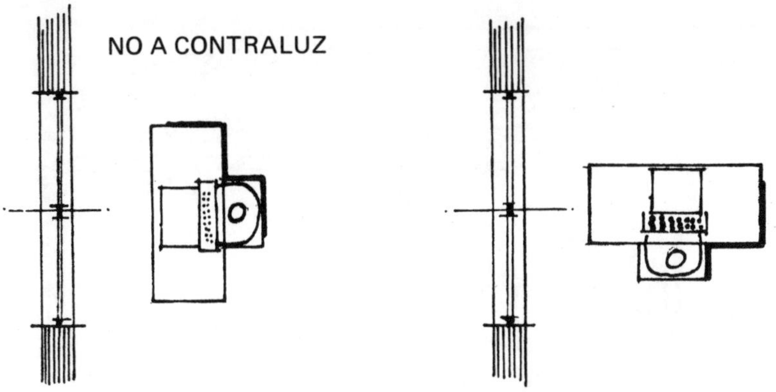

Fig. 24.

Como norma general, para la instalación de la iluminación adecuada en Sala de Ordenadores deberán observarse:

1) Las luminarias serán de medidas estándar y se acoplarán perfectamente a la modulación de las placas del falso techo.

   En la Sala de grabación y en la de preparación y verificación, el nivel de iluminación debe ser similar al de la Sala de Ordenadores.

2) El nivel de luz en Sala de ordenadores deberá ser mínimo 300 Lux. Lo recomendable será 500 Lux medidos a 1 m. del suelo.

Las reactancias y cebadores deberán estar centralizados fuera de la Sala.

Existirá una luminaria sobre las consolas y algunas más que se considere necesario alimentarlas (debidamente protegidas) desde un cuadro de equipos informáticos, de forma que reciban tensión desde la U.P.S. (Unidad Alimentación Ininterrumpida), para tener iluminación en los lugares necesarios cuando se produzca un corte de red.

Existirá un sistema de alumbrado de emergencia y de señalización con unidades autónomas con batería en toda la planta que acoge al ordenador.

El flujo luminoso alcanza su mejor nivel cuando los haces luminosos son emitidos en sentido diagonal (entre 40° y 60°). Con esto se consiguen unos rendimientos de alumbrado óptimos.

La principal ventaja de esta incidencia oblicua de la luz está en la reducción del deslumbramiento por reflexión y, por consiguiente, una visión mejorada de los contrastes, lo que es sinónimo de mejor visión.

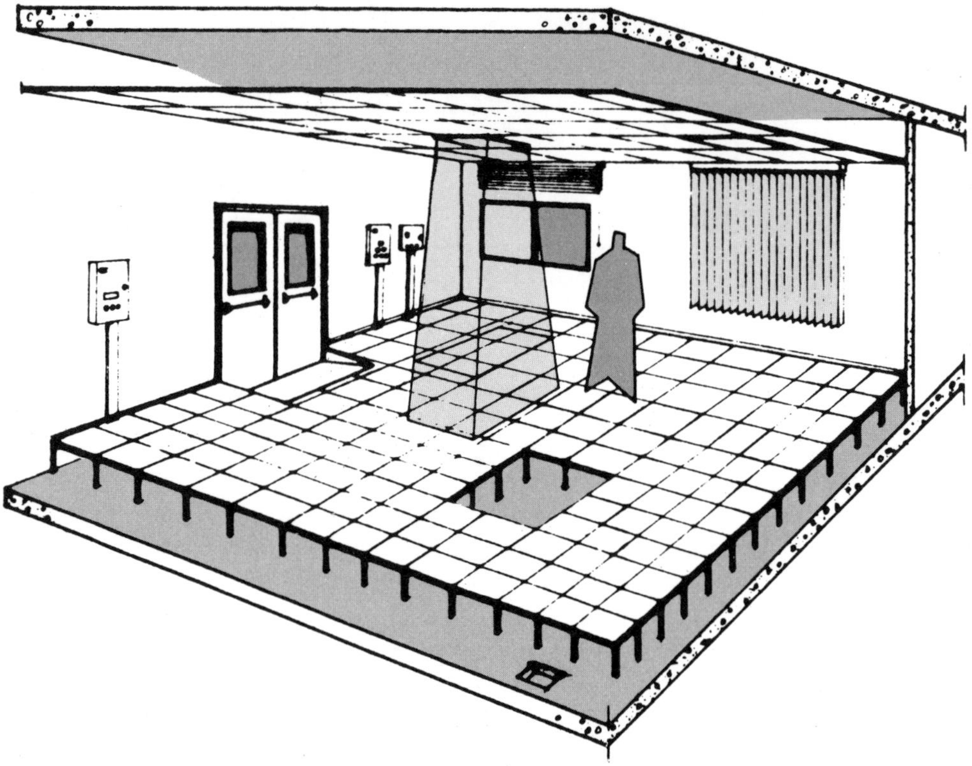

Fig. 25.

La alimentación de la instalación para equipos informáticos de la Sala de Ordenadores deberá ser por línea (con protección) independiente de cualquier otro equipo eléctrico, susceptible de introducir variaciones de cargas (ascensores, compresores, etc.) y debe proceder directamente del centro de transformación del edificio, del entronque con la compañía, o del cuadro general de baja tensión, a través de una unidad de alimentación ininterrumpida (UPS) de potencia adecuada. La alimentación de los terminales de grabación no se debe realizar a través de la UPS.

Esta línea debe estar dimensionada para la potencia total de la UPS.

La unidad de alimentación ininterrumpida (UPS) requiere climatización para su correcto funcionamiento.

Las lámparas serán fluorescentes de 26 mm. de diámetro del tipo trifósforo. Las características generales de alimentación serán:

- Frecuencia ... condiciones estáticas ... 50 Hz ± 0,5 Hz.
- Frecuencia ... condiciones dinámicas ... 50 Hz ± 1 Hz. durante 2 seg.
- Tensión trifásica 380 V.

En condiciones estáticas la variación de tensión permitida es de + 6 — 8% del valor nominal.

Los límites de la mayoría de los sistemas son: variación máxima de tensión de ± 60% para transitorios de duración inferior a 1 mseg. ± 20% para duraciones comprendidas entre 1 mseg. y 10 mseg. y +15% - 18% para duraciones entre 10 mseg. y 1/2 seg. (25 ciclos).

El tiempo entre los transitorios debe ser superior en 10 veces a la duración del mismo.

Fases: 3 + neutro + tierra. La diferencia de tensión entre cualquiera de las fases no deberá ser superior al 2,5% de la media aritmética de las tres tensiones.

Distorsión armónica: 5% máximo con el equipo operativo. El primer armónico no deberá superar el 4%.

Desviación angular entre fases: El desplazamiento del ángulo de desviación entre fases en condiciones estáticas no debe ser superior a 4 y 6 en condiciones dinámicas para el ángulo normal de 120 entre fases.

Factor de pico: Para obtener el valor de pico en una onda sinusoidal se multiplica el valor de RMS por el factor de pico (RMS x 1,41 = valor de pico) la desviación de 1,41 deberá estar entre 1,27 y 1,55, es decir, 1,41 ± 1,14.

Características de cargas a 50 Hz. El desequilibrio de cargas no excederá del 20%.

Factor de potencia: No será inferior a 0,75. La mayoría de los sistemas presentan una carga de naturaleza inductiva con un factor de potencia de 0,9 para grupos de continuidad. Calcúlese entre el 0,8 y 1.

Según se aprecia en las figuras 26 y 27, el reparto luminoso en forma de "aletas" elimina por una parte el deslumbramiento directo (distribución nula entre 60° y 90°); y por otro lado, emite sólo una pequeña cantidad de flujo luminoso cenital (0° — 20 °) con lo que se evitan también las reflexiones de velo y el deslumbramiento reflejado.

Las máximas exigencias para iluminar correctamente puestos de trabajo con pantalla son:

- Ausencia de reflexiones y de superficies claras en la pantalla.
- Elevada intensidad lumínica vertical para mejorar la relación entre la luminancia de la pantalla y sus inmediatos alrededores.

También es conveniente que existan "puntos" de reposo visual, donde pueda fijarse la vista de vez en cuando. Estos puntos serán imágenes fácilmente identificables, tales como cuadros, fotografías, vistas exteriores, plantas, etc., y estarían situados a unos 6 m de los ejes visuales. Con ello se persigue la relajación del meca-

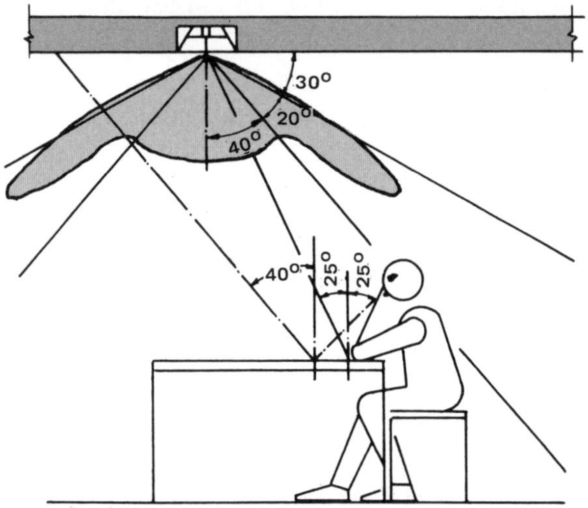

Fig. 26

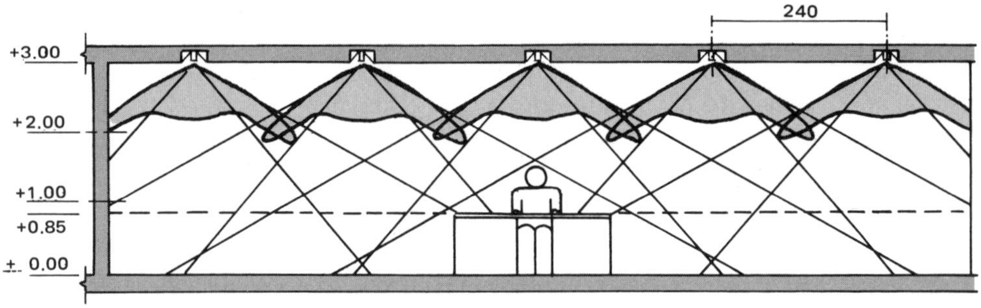

Fig. 27. *Esquema de distribución de luminarias para un mejor aprovechamiento de los haces luminosos.*

nismo de acomodación de la visión y concretamente se evita la fatiga visual. Las gafas bifocales, utilizadas corrientemente, no se deberían emplear para el trabajo en pantalla, dado que están previstas para la lectura y la escritura (25 a 40 cms) y para la visión lejana (6m). Esto significa que los operarios que utilicen esas gafas no deberían trabajar en pantalla. Idealmente, deberían estar dotados de gafas con correcciones, adaptadas para la visión intermedia (distancia de visión de 40 a 70 cm).

Hay que evitar, también, los reflejos de las pantallas, por lo que serán preferibles las superficies mates y con tratamiento anti—reflejo. Una solución es la utilización de filtros procurando evitar la deformación de las imágenes y pérdida de luminosidad.

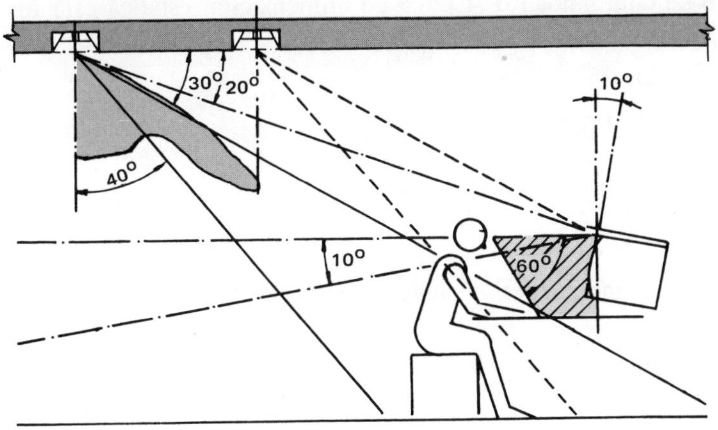

Fig. 28

Equipo de alimentación ininterrumpida (U.P.S.)

Los grupos de continuidad se empezaron a fabricar en el año 1965 por AGIE.

La razón básica para la instalación de un equipo de alimentación ininterrumpida (UPS) es obtener una alta fidelidad en el suministro de energía a la Sala de Ordenadores.

La energía suministrada por las compañías distribuidoras de energía, presenta numerosos fallos al cabo del año.

Ejemplos:

- *Fallos que en consumos normales no se aprecian, en los cuales no llegan a activarse las protecciones, pero que sí afectan a un ordenador.*
- *Fallos fácilmente detectables con una duración comprendida entre 250 y 300 milisegundos.*
- *Fallos de una duración indeterminada por tener una sola compañía suministradora.*

El grupo de continuidad o sistema de alimentación estática está formado por:

- Rectificador.
- Grupo de baterías.
- Inversor.
- Bypass electrónico.
- Sistema de sincronismo.
- Controles e indicadores visuales y acústicos.

Unidad de Alimentación Ininterrumpida (U.P.S.) para medias potencias

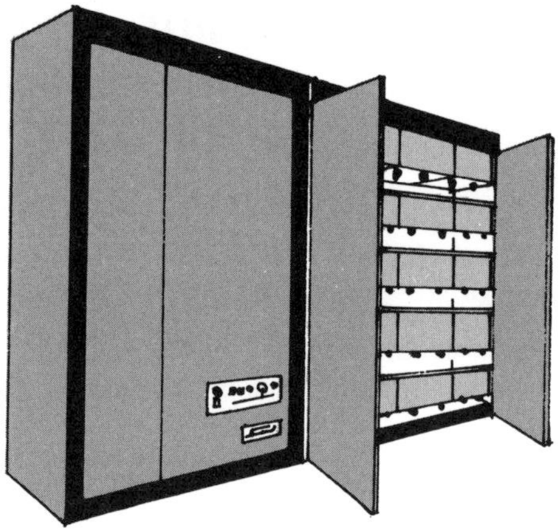

Fig. 29

El armario de la ilustración sirve para pequeñas potencias de 20 Kva. hasta 60 Kva. con 3 fases.

Existen todavía equipos con mayores potencias. Una mayor potencia podría obtenerse sumando varios de estos equipos.

Queda claro que para todas aquellas cargas que son sensibles a las caídas de tensión de alimentación será económicamente rentable instalar un sistèma de alimentación ininterrumpida (UPS).

La entrada de aire fresco se realiza en la UPS por la parte inferior del equipo y lo expulsa por la parte superior del mismo.

La conexión de los cables se hace por la parte inferior a través de la base del armario.

Las baterías pueden ser instaladas en una sala independiente o bien en un armario contiguo a la UPS.

El sistema de bypass estático sin corte permite transferir la carga desde el grupo de continuidad a la red, en caso de producirse una sobrecarga. De esta manera, el rectificador tomará la energía de la red, transformándola en tensión continua; el inversor, a su vez, creará una tensión alterna estable, que no dependerá de los fallos de tensión, ya que en el caso de que falle la red, la energía será suministrada a través de las baterías y podrá cubrir tales fallos con una autonomía mínima de diez minutos (que depende del diseño de la batería). El sistema de alimentación ininterrumpida (U.P.S.) cubre perfectamente la totalidad de los fallos de red sin que la carga se percate de ello, asegurando un trabajo continuo y sin tener problemas de pérdida de información.

5

Climatización ambiental

El aire acondicionado, condenado como algo discutible por muchas razones hace apenas unos cuantos años, es un estándar obligatorio para la oficina de hoy en día.

El aire acondicionado no es más que, simplemente, un control de la temperatura. A pesar del hincapié que se hace al señalar el aire acondicionado como agente refrescante, debe recordarse, además, que un buen sistema de aire acondicionado hace circular por la oficina, durante todo el año, una corriente de aire propiamente templado, humedecido y filtrado.

Al margen de proporcionar un aire limpio, ventilación adecuada, control de la temperatura y una humedad relativa, y de eliminar corrientes por medio de los sistemas apropiados de aprovisionamiento y disposición, dotar de aire acondicionado a una oficina sirve también para eliminar el polvo y ruido exteriores, ya que las ventanas tienen que mantenerse cerradas todo el tiempo.

Para cualquier tipo de oficina, y en general para un ambiente físico agradable, se deberá contar con tres factores fundamentales: *temperatura, ventilación y humedad.*

Temperatura

Para que exista bienestar térmico durante los distintos períodos del año, la temperatura recomendable tiene que oscilar entre los 18° y los 26° C, en invierno y, alrededor de los 26° C en verano, siendo deseable, en general, de 20° a 24° C.

Estos niveles se pueden mantener dentro de unos valores gracias al aire acondicionado.

El equilibrio térmico de un sujeto depende de 6 parámetros:

- La temperatura del aire.
- La temperatura radiante.
- La velocidad relativa del aire.
- La presión de vapor del agua.
- La actividad desarrollada.
- La cantidad de ropa que se usa.

Sin embargo, el principal problema que surge de un recinto cerrado es el de la ventilación inadecuada.

Ventilación

En habitaciones ocupadas, la ventilación depende del número de ocupantes y de la utilidad de la habitación. El promedio de esta ventilación ha de ser entre 12 y 15 m^3 de aire.

Si se fuma o se realiza ejercicio físico, se necesita una cantidad de aire 2—3 veces superior. Abrir la ventana durante 3 ó 5 minutos permite un intercambio completo de aire con una pérdida mínima de calor.

La velocidad del aire se recomienda de modo aproximado, valores iguales o inferiores a 0,15 m/s en invierno y de igual o menor a 0,25 m/s en verano.

Humedad

La humedad relativa debe estar comprendida entre el 45 y 55%, y será la que corresponda a un confort adecuado.

Estará proscrita la calefacción por el suelo, especialmente si la temperatura a nivel del suelo debe exceder de los 26° c.

En aquellas oficinas cuya calefacción sea por aire caliente, se deberá instalar humidificadores eléctricos para poder obtener así cierto grado de humedad.

Para salas en las cuales se trabaja con pantallas de ordenador, las condiciones de temperatura, humedad y ventilación deberán ser las mismas que las de cualquier otro trabajo de oficina (20 ó 22° C). Y la humedad relativa será superior al 55%.

Con esta temperatura, al menos el 70% del personal se encontrará confortable. Estos valores son aplicables siempre que se mantenga la humedad relativa. La ventilación se convierte en un aliado importante para poder mantener la temperatura dentro de la sala. Cuando la potencia disipada aumenta por causa de los equipos, la humedad relativa debe mantenerse entre el 45% y 80%, incluso durante el invierno. Esto, sin duda, mejorará el ambiente de trabajo, siendo especialmente adecuada para el almacenamiento y manipulación del papel tan frecuentemente utilizado en estas salas.

La instalación del sistema de climatización de la Sala de Ordenadores se efectuará mediante equipos autónomos, especialmente diseñados para estos fines (con humectador y baterías de deshumectación), situados dentro de la propia sala, independientemente de la instalación central. La temperatura de entrada del agua a las baterías no debe ser menor de 7° C (preferentemente de 9° C). La temperatura del aire impulsado al falso—suelo no será inferior a 17° C y su humedad relativa no será superior al 80%. Si es posible, es aconsejable la instalación de la unidad de alimentación ininterrumpida (UPS) en local contiguo a la Sala de Ordenadores, pero aislado de ruidos con falso—suelo común, con el fin de que la climatización sea general. En este caso hay que tener en cuenta el calor disipado por la unidad como una "carga" más de la sala.

El forjado de este local tendrá una resistencia a la sobrecarga de unos 1000/2000 Kg/m^2.

En caso contrario, habrá que dotar al local de la UPS de una unidad de climatización independiente. Los equipos autónomos de aire acondicionado necesarios para la Sala de Ordenadores deben ser de dos circuitos totalmente independientes.

La potencia frigorífica total de los equipos autónomos debe estar sobredimensionada respecto a las necesidades de la Sala de ordenadores, de tal forma que al quedar eventualmente fuera de servicio un circuito (por avería de cualquiera de sus componentes, compresor, evaporador, condensadora, etc.) el resto de la instalación sea capaz de mantener las condiciones de la sala.

La distribución del aire climatizado para Ordenadores se efectúa a través del falso suelo que, a su vez, sirve para el cableado de los distintos equipos. De esta manera, se forma en la misma superficie del suelo un sistema flexible y seguro que permite el tratamiento de aire para este recinto. La aportación de aire exterior filtrado y tratado tiene como finalidad renovar el aire para confort de las personas y crear una sobre—presión en la sala.

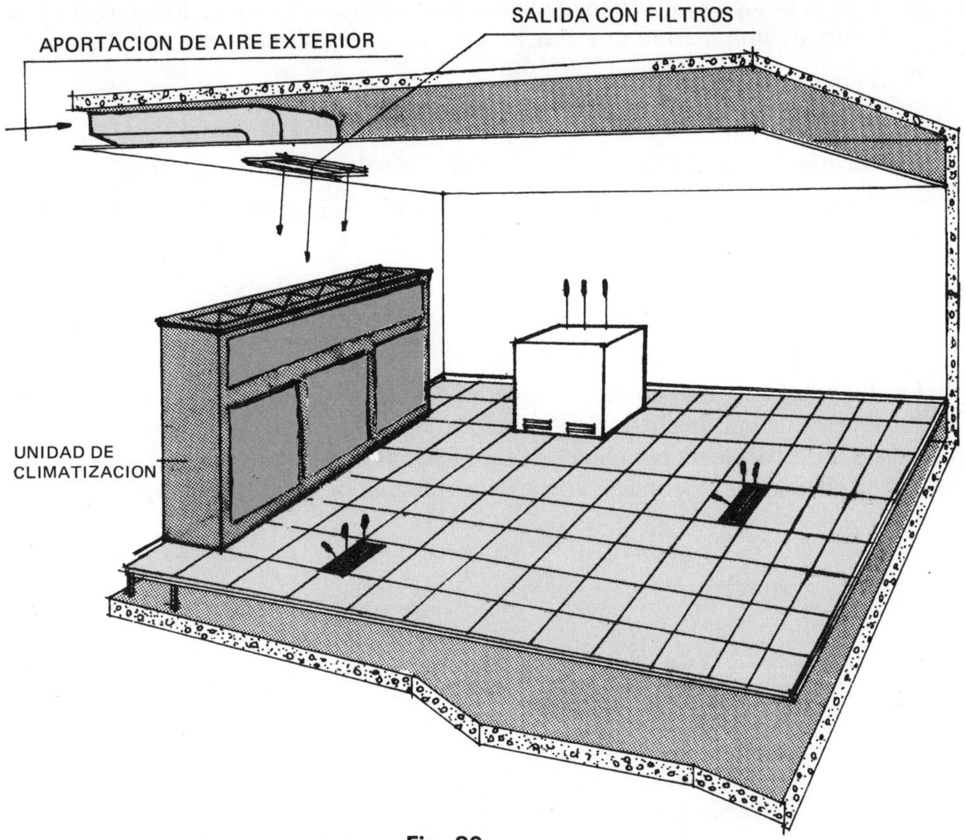

Fig. 30

Condiciones de diseño de climatización de ordenadores

Los datos que a continuación se exponen son orientativos dependiendo de las dimensiones de la Sala

- *Temperatura:* 24° ± 2° C (con temperaturas exteriores de + 40° C y - 15° C).
- *Humedad relativa:* 50% ± 5% nunca más de 80% con temperatura húmeda máxima de 27° C. Esto es un máximo absoluto, pues una humedad superior

al 80% puede dañar seriamente los equipos. Es conveniente, por tanto, la existencia de una alarma que funcione en caso de sobrepasarse este límite.

- *Sobrepresión:* de 3 a 5 mm. c.a.
- *Caudal de aire recirculado:* de 1.020 a 1.700 m^3/h por cada 3.000 Frigorías.
- *Filtraje de aire:* 99% de eficacia sobre partículas de 3 micrones.
- *Renovación de aire:* 1,5 a 2 renovaciones por hora (con las mismas caraterísticas de filtraje, temperatura y humedad.).

Es conveniente la existencia de un termohidrógrafo en la Sala de Ordenadores o al menos de un termohigrómetro.

La alimentación y mando de las unidades de climatización específicas de equipos informáticos y de confort de la Sala debe centralizarse en un cuadro único: En caso de contar con señalización por pilotos de incandescencia, la alimentación de este cuadro debe realizarse con línea independiente y protegida desde el cuadro general de la

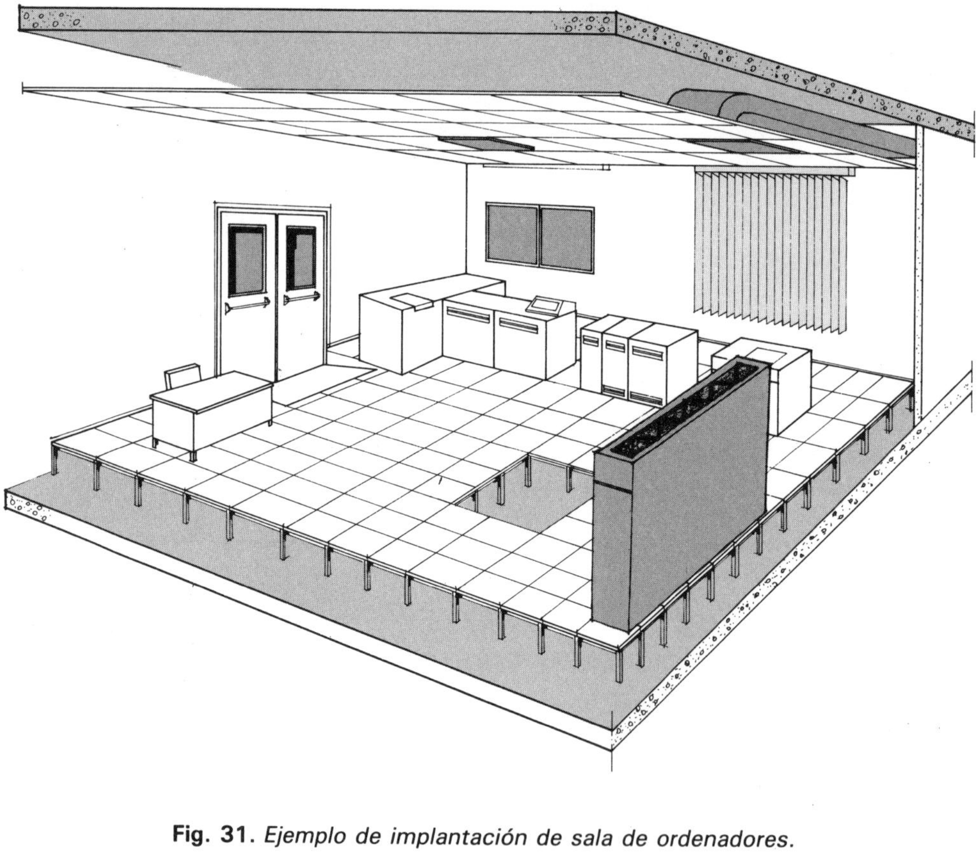

Fig. 31. *Ejemplo de implantación de sala de ordenadores.*

del edificio. Deberá estar situado dentro de la Sala de Ordenadores y dotado de contactor general, pulsadores en serie identificados, de corte de corriente general de emergencia, para poner fuera de servicio toda la instalación, en el propio cuadro; otro interruptor junto a la puerta de acceso a la Sala y otro más en la salida de emergencia actuando sobre el contactor.

Las canalizaciones para acometidas de corriente deberán ser suficientemente sobredimensionadas para admitir posibles ampliaciones.

Sistema Dual—Moduline para climatización de oficinas

Un sistema que ofrece tanto un control individual de temperatura como flexibilidad total en la disposición de la oficina, es el sistema DUAL—MODULINE, que se instaló en el edificio de oficinas de United States Steel, en Pittsburgh.

En este sistema, en lugar de proporcionarse una cantidad constante de aire y de variar la temperatura de acuerdo a las cambiantes cargas interiores, lo cual es algo típico del ducto dual, se suministran cantidades variables de aire fresco a una temperatura constante. El corazón del sistema consiste en un artefacto regulador automático en el que se mantiene una alta velocidad de descarga con el fin de evitar las corrientes y reducir el ruido externo, lo cual era algo común con los antiguos sistemas de volumen variable.

Las secciones de difusión del sistema o unidades terminales van empotradas en el techo y pueden instalarse en cualquier tipo de techo suspendido. Todo se proporciona a través de dos largas y angostas ranuras, que forman una tangente en relación con el techo, por medio de las cuales se forma una presión negativa por encima de la corriente de aire, que ocasiona que dicha corriente tienda a mantenerse cerca del techo.

La única porción visible de la terminal es un difusor de 3 cm. de ancho con una ranura de salida a cada lado y un espacio liso en el centro, que permitirá la instalación de una división estándar o ''tablero de pared'' directamente debajo de la mitad.

Cuando da servicio a un espacio abierto, la terminal puede equipararse con un sólo control que pueda dar servicio hasta a cuatro subunidades. Cuando se instala sobre un tabique divisorio, la unidad va equipada con controles duales para permitir que salgan cantidades variables de aire de cada una de las ranuras y, por lo tanto, dar un control individual de la temperatura a cada uno de los espacios.

Los controles funcionan por el propio aire acondicionado y ajustan automáticamente el flujo del aire para compensar cualquier carga variable de temperatura. Cuando las luces se apagan y la gente abandona el lugar, el flujo de aire hacia ese espacio se reduce automáticamente. En realidad, el sistema sigue a las cargas de calor que se mueven.

El concepto modular del Dual—Moduline, junto con un control totalmente automático, hace posible erigir divisiones en cualquier arreglo, sin cambiar las salidas o el arreglo de los ductos de aire acondicionado y sin el difícil "re-equilibrio" que se requiere con los sistemas tradicionales. Simplemente, los controles son puestos o retirados de las terminales según se requiera para dar servicio a espacios abiertos o a oficinas adyacentes.

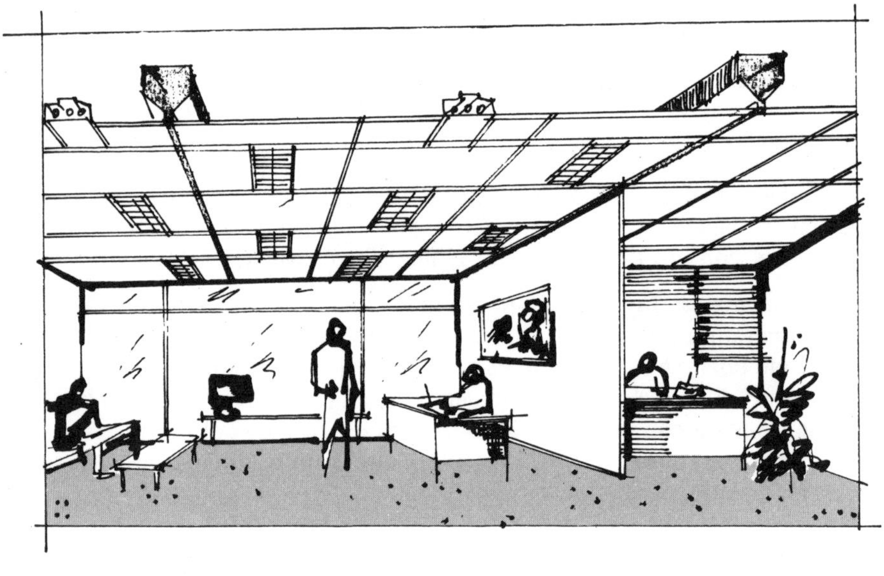

Fig. 32. *Esquema de sistema Dual-Moduline.*

6

Seguridad

Seguridad física

La seguridad es uno de los factores primordiales al planificar una instalación para ordenadores, como ya se apuntó anteriormente, cuando se insistió sobre la elección del terreno, la altura del inmueble, así como la diafanidad de sus pisos.

Una vez en el interior del edificio y para la seguridad de Salas de Ordenadores, que es el tema que nos ocupa, hay que considerar aspectos tales como la elección de la situación del ordenador, materiales utilizados, equipo de protección contra incendios, aire acondicionado, sistemas eléctricos, así como el entrenamiento de personal.

La situación idónea para el ordenador sería que se alojase en un edificio o local que sea resistente al fuego. Además, la Sala del Ordenador no debe situarse encima, debajo o adyacente a áreas donde se manipulen, fabriquen o almacenen materiales inflamables o explosivos.

En cuanto a la seguridad del suelo, paredes, techo, sería necesario que:

1) Las paredes sean de material incombustible y construidas desde el suelo real hasta el techo real.

2) En caso de que el recinto del ordenador tuviera una o más paredes exteriores adyacentes a un edificio que sea susceptible de incendio:

- Se procurará instalar ventanas irrompibles en la zona del ordenador, ya que mejorarán la seguridad del personal y del propio ordenador.

- Pueden también instalarse unas "bocas de agua" sobre las ventanas para protegerlas con una cortina de agua en caso de incendio.

3) El falso techo debe ser de un material incombustible o por lo menos resistente al fuego. Si se utilizan materiales combustibles entre el techo real y el falso, deben tomarse las debidas precauciones.

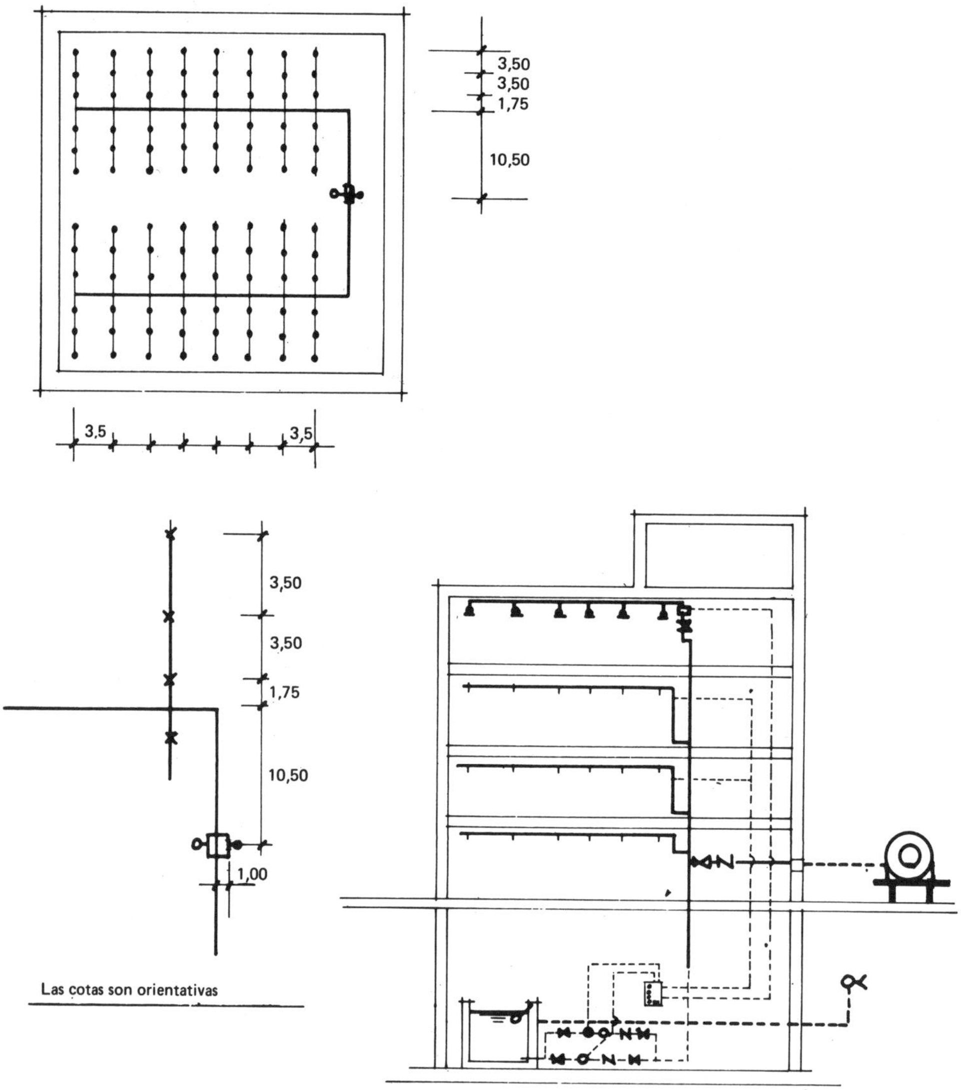

Fig. 33. *Esquema de instalación de Sprincler.*

4) El falso suelo debe ser de materiales incombustibles o resistentes al fuego. También es importante que el espacio creado entre el falso suelo y suelo real permanezca siempre limpio.

5) Las áreas de almacenamiento de material informático deben ser impermeables.

6) Se instalará un sistema de drenaje en suelo real, según se dijo en el capítulo 1.

En cuanto a la seguridad contra incendios, la Sala de Ordenadores deberá estar dotada de detección en ambiente, falso—suelo y falso—techo, mediante detectores iónicos—ópticos y extinción automática con halón 1301, en ambiente y falso—suelo como mínimo, calculada para una inundación con este gas en una proporción del 5% del volumen de la sala.

En el resto del edificio se debe instalar detección. La extinción podrá ser manual mediante extintores portátiles adecuados y/o mediante instalación de sprinklers, según se muestra en la figura.

Para minimizar gastos se recomienda que estos sprinklers sean de corte automático una vez extinguido el fuego.

Se deberá prever que la centralita de seguridad admita una posible ampliación de dos veces más el número de "zonas" necesarias para lo dicho anteriormente, a lo que se debe añadir las posibilidades de "disparo manual" y "bloqueo de disparo".

Esta centralita llevará, además de la alarma incorporada, otra remota en paralelo, situada en el lugar de vigilancia adecuado.

En cuanto a la seguridad contra intrusión, deberá instalarse una limitación de acceso al recinto mediante rejas u otras protecciones en ventanas y también sistema de detección de presencia en caso necesario.

La puerta de acceso es recomendable que sea de las de tipo "de seguridad", disponiendo de cerradura eléctrica y dispositivo de interfono con un puesto de trabajo responsable del control de acceso.

Extinción específica para sala de ordenadores

El bromo—trifluormetanc $CBrB_3$ perteneciente al grupo de los hidrocarburos halógenos es vulgarmente conocido con el sobrenombre de Halon 1301. Dicho hidrocarburo es utilizado para extinción automática de incendios, especialmente en Sala de Ordenadores, ya que no deja residuos ni afecta al funcionamiento de los equipos eléctricos e informáticos.

Por lo tanto, la Sala del Ordenador estará dotada en ambiente, falso suelo y falso techo, de detectores iónicos y ópticos y la extinción automática con Halón 1301. El $CBrF_3$, es un gas fácilmente licuable, por lo que se debe transportar y almacenar en recipientes cilíndricos de acero que no presenten soldaduras y tengan una presión a prueba de 250 Kg/cm^2. El Halon 1301 posee un efecto anticatalítico que inhibe las reacciones químicas del incendio; de ahí que provoque una rápida extinción. Permite la descarga sin evacuar el local, ya que no produce ahogo ni asfixia, aunque no es aconsejable permanecer dentro mucho tiempo. Las normativas vigentes consideran sin riesgos una concentración hasta del 7 % y ésta es la que con mayor frecuencia se da en una extinción. Las normas de la NFPA o BRITISH STANDARD consideran que el riesgo de intoxicación es despreciable en este porcentaje, pudiendo permanecer dentro del local durante un tiempo no inferior a cinco minutos. De ahí que se aconseje la existencia de un tiempo retardado, desde que suena la alarma hasta que inicia la descarga, dado que si el sistema se encuentra bajo la opción manual, se pueden evaluar las causas de la alarma y obrar en consecuencia; y, si el sistema está en opción automática, permite el desalojo del personal existente.

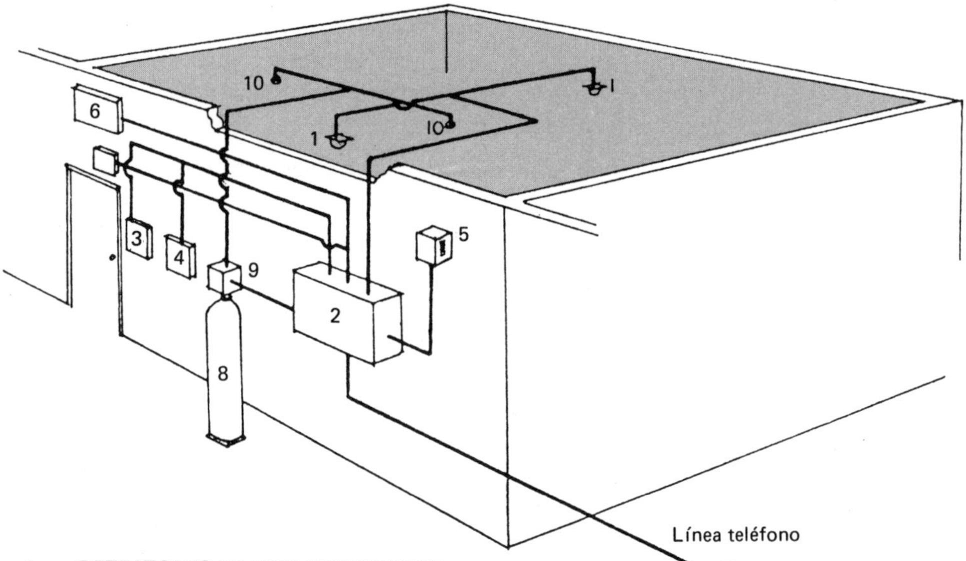

1.– DETECTORES EN DOBLE DETECCION
2.– CENTRAL DE SEÑALIZACION Y MANDO
3.– PULSADOR DE DISPARO MANUAL
4.– PULSADOR DE BLOQUEO DEL DISPARO AUTOMATICO
5.– SEÑAL ACUSTICA EN EL INTERIOR DE LA SALA
6.– CARTEL LUMINOSO EN EL EXTERIOR DE LA SALA
7.– LINEA DEL TELEFONO PARA TRANSMISION DE LA ALARMA
8.– BATERIA CON LA RESERVA DE HALON
9.– VALVULA DE DESCARGA RAPIDA
10.– DIFUSORES DE DESCARGA

Fig. 34. *Esquema de inundación con Halon 1301 con batería centralizada.*

Averiguar la cantidad de halón necesario para una Sala, se puede resolver con una sencilla regla, que consiste en dividir por tres el volumen del local en m^3, el resultado son los Kilogramos necesarios de este gas. Las condiciones de diseño más frecuentes son la concentración del 5% a la temperatura de 20° C, lo que se consigue descargando 0,33 Kg. en cada m^3. Además, la norma aconseja que en caso de alcanzar una proporción del 10% de Halon en la sala, ésta debe ser evacuada lo antes posible. En concentraciones superiores al 15%, serían necesarios equipos de aspiración automática. Cuando se produce una descarga de Halon, ésta produce un ruido que es una causa más para qúe sea fácilmente detectable, además de que el sistema de seguridad se dispararía haciendo accionar el pulsador óptico y acústico.

Extinción con Halon 1301

Para una buena instalación de Halon 1301 sería necesario:

- Reserva de halón con los Kilogramos suficientes para alcanzar la concentración necesaria.
- Un sistema de disparo con detectores, automáticos, pulsador manual, disparo manual mecánico de las botellas que lo contienen; pulsador de bloqueo de disparo automático, señales acústicas y ópticas.
- Red de tuberías de distribución para descarga, en diez segundos como máximo.
- Difusores bien distribuidos para un reparto regular en toda la zona del incendio. (Ver figura anterior de esquema de inundación con Halon 1301)

Para las extinciones automáticas en locales térmicos (Sala de Ordenadores), hemos pensado en el Halon 1301 como el agente extintor por excelencia, debido a lo anteriormente expuesto y, además, porque la concentración de este compuesto ha sido diseñada según NFPA 12A, dando como resultado la no toxicidad para el ser humano en estas concentraciones.

Dejando a un lado la problemática del Halon 1301 y siguiendo con todo lo que afecta a la seguridad de la Sala del Ordenador, se deberá también tener en cuenta:

- Instalar bajo el falso suelo detectores de humedad.
- Instalar rejas para evitar la intrusión en caso necesario.
- Que no circulen conducciones de agua ni horizontal ni verticalmente, excepto las específicas de la Sala y las de servicio de unidades de aire acondicionado.

Deben emplazarse en la Sala suficientes extintores portátiles de dióxido de carbono (CO2), que es recomendado para equipo eléctrico. Estos extintores deberán

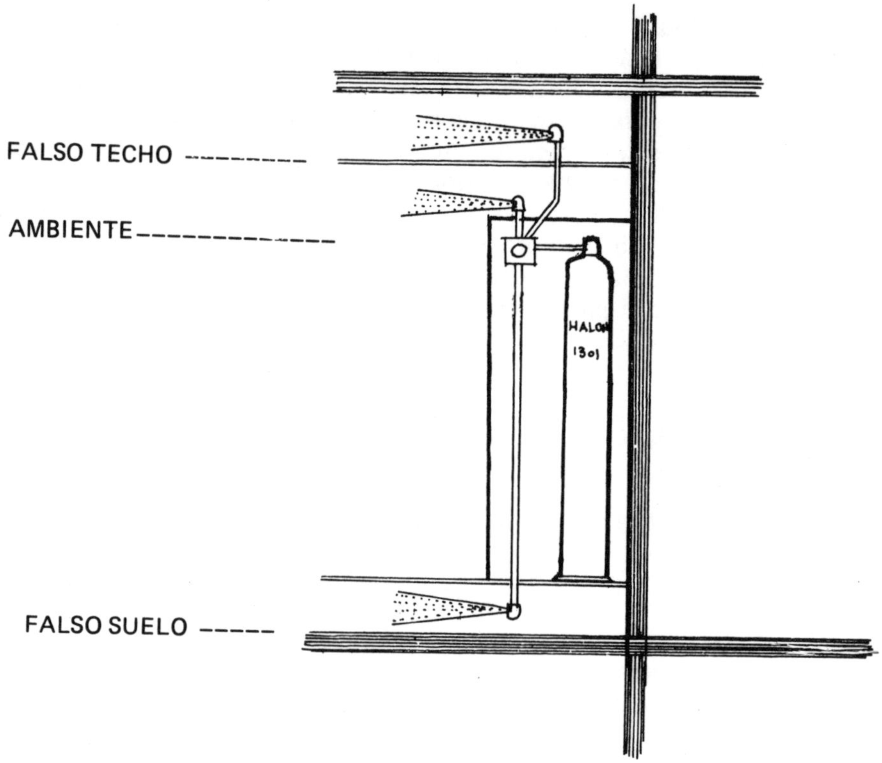

Fig. 35. *Esquema de inundación con Halon 1301 en local falso techo y falso suelo.*

estar correctamente señalizados y fácilmente accesibles al personal que se encuentre en la Sala.

Al margen del uso de extintores portátiles, como agentes primarios de extinción, se aconseja colocar una boca de agua con manguera, a una distancia efectiva del ordenador, que sólo se utilizará como agente extintor secundario, debido a que el agua afecta de manera muy grave a los ordenadores.

Seguridad lógica. (Seguridad de la información)

Todo el conjunto de la información almacenada en la Sala del Ordenador, en forma de cintas magnéticas, discos, listados, fichas, etc. debe guardarse en armarios metálicos resistentes al fuego. La duplicidad de ficheros maestros debe encontrarse en habitación separada de la Sala, por obvios motivos de seguridad. Dicha habitación, en definitiva, no es otra cosa que un armario construido con una fiable resistencia al fuego. Debe albergar un equipo de detección y extinción de incendios. Cuando los datos salvaguardados son muy importantes, se recomienda elegir un sitio alejado, capaz de almacenar durante largos períodos de tiempo, información impresa y/o grabada por cualquier procedimiento.

Seguridad del sistema eléctrico

Se instalarán luces de emergencia alimentadas con baterías que iluminen el área de evacuación inmediatamente, en caso de una falta de energía eléctrica. En instalaciones que posean grupos de continuidad, parte de la iluminación deberá conectarse a dicho grupo.

Los conductores eléctricos deben instalarse bajo tubo traqueal metálico plastificado y debidamente conectados a tierra de seguridad, como ya dijimos anteriormente.

Las conexiones que se realicen debajo del falso suelo, deben ser estancas al agua.

Para el buen funcionamiento del sistema, sería aconsejable la instalación de un grupo de continuidad para la alimentación eléctrica.

El aire acondicionado deberá ser independiente para la Sala del Ordenador. Dicho sistema debe tener una alarma en el área habitual de mantenimiento del edificio, para advertir al personal de servicio de una emergencia. Las canalizaciones para el aire acondicionado, como es lógico, deben ser de material incombustible. Las canalizaciones de aire acondicionado para otras áreas que pasen por la Sala del Ordenador, deben contener compuertas con fusibles térmicos en cada pared de la Sala. Los filtros utilizados en el sistema de aire acondicionado deben ser de material incombustible o como mínimo autoextinguible.

En cuanto a la seguridad y entrenamiento del personal, cualquier incidencia que ocurra en la Sala del Ordenador, se encuentre o no fuera de las horas de trabajo del personal, deberá activar la alarma correspondiente en un centro de control vigilado, por personal destinado para este fin.

Las conducciones de agua o de cualquier líquido que pudieran existir en la Sala deberán ser inspeccionadas periódicamente a fin de prevenir posibles daños por causas de roturas, fugas o condensaciones. El personal deberá estar entrenado, además, para actuar sobre la conexión eléctrica del sistema de aire acondicionado y desconectarlo; cerrar el suministro de agua; llamada al cuerpo de bomberos; manejo adecuado de los extintores; manejo de mangueras; evacuación del personal, etc.

Para que el almacenamiento de los soportes magnéticos de información sea efectivo, habrá que observar temperaturas entre 10° y 32° C y, humedad relativa del 10 al 80%. Las cintas, cartuchos, etc., se protegerán de la presencia del polvo.

Tercera Parte
AREA DE OFICINAS

7

Superficies ideales

Introducción

El capítulo que abordamos ahora viene a enlazar con lo que decíamos al principio sobre la versatilidad de los inmuebles extensos en planta, debido a que, para los edificios informáticos, se hace cada vez más necesario una gran flexibilidad en la ordenación y adecuación de la oficina. De esta manera, se consigue una mayor operatividad de movimientos en el personal, observándose caminos de recorrido más cortos entre puestos. En los edificios extensos en planta se podría resolver el problema de integración de la oficina moderna. La organización de áreas de trabajo y zonas comunes sería más racional y existirían muchos menos ''espacios muertos''

Además de un ahorro considerable de ascensores, este factor es importante a tener en cuenta, ya que estos edificios presentarían un punto muy favorable a la hora de la evacuación personal en caso de inminente peligro. Estos factores lo hacen plenamente aceptable, desde el punto de vista estético y cada día se toman más en cuenta, debido a la relación de calidad—trabajo—confort que entraña.

Una oficina debe planificarse de tal modo que sus departamentos, aunque divididos en unidades separadas, sigan funcionando como un todo coherente y debe también planificarse para que su espacio sea siempre flexible, de tal modo que el tamaño y el agrupamiento de sus unidades de trabajo pueda cambiar rápidamente para cubrir las nuevas necesidades según se vayan presentando.

Como resultado de lo anterior, un edificio de oficinas, quizas más que cualquier otro tipo de construcción, debe proyectarse de forma que permita cierto dinamismo.

Una de las aplicaciones que podemos llevar a cabo, entre las infinitas que existen, es lograr que en el interior del edificio penetre más luz natural que la propia de las ventanas que sin duda tiene. Con ello no solamente se consigue mayor iluminación sino que también se mejoran aspectos estéticos, puesto que dicha luz puede ser aprovechada para la colocación de jardines interiores tan agradables en el trabajo.

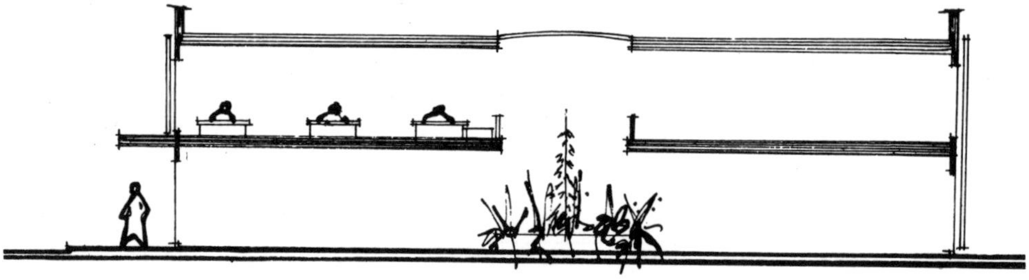

Fig. 36. *Ejemplo de oficina con luz central.*

Otro de los aspectos a considerar en el edificio es la situación geográfica. Si existen temperaturas mínimas en la mayor parte del año, es necesario instalar doble acristalamiento en las ventanas, provisto de columna de aire para evitar la condensación en el interior.

A todo esto, hay que añadir un considerable ahorro de circuitos de calefacción y de climatización, por el hecho de no existir recodos y obstáculos en el edificio. Además, no será necesaria la presencia de escaleras de evacuación, dado que si los edificios son muy extensos en planta, la altura de los mismos no deberá exceder normalmente de dos plantas.

El edificio de oficinas debe permitir una fluidez extrema dentro de sus paredes y, como requiere más cada vez nuestra época, debe también construirse de modo que el edificio permita aquellas adiciones futuras que las necesidades de expansión hayan previsto.

Determinación de superficies

Para una correcta determinación de las superficies de trabajo, lo primero que habrá que tener en cuenta es el puesto de trabajo. Se trata en realidad de la elaboración de la información recogida en el análisis de personas, con el objetivo de llegar a definir las unidades principales de los puestos de trabajo.

Una vez recopilados todos los datos, se procede al diseño del módulo que conlleva los siguientes apartados:

- Pasar a un plano a escala.
- Respetar las distancias necesarias entre cada uno de los elementos o distintos puestos.
- Prever la superficie necesaria en su interior para que no se produzcan perturbaciones en el trabajo.
- Una vez creado el módulo de trabajo, se adjudicará a cada una de las personas. También habrá que tener en cuenta que no todas las personas encajarán en estos módulos, la mayoría de los casos debido a la adjudicación de despachos cerrados.

1) *Trabajo que exija escritura a mano:* Para este trabajo, la silla debe ser giratoria, regulable en altura, respaldo regulable.
2) *Trabajo en mesa de oficina:* Silla giratoria, regulable en altura, con base regulable, apoyo—sujeción lumbar.
3) *Asiento aulas, conferencias, visitantes:* Pueden utilizarse las sillas para mesa de trabajo, pero sin regulación de altura.
4) *Asiento colectividades, cafeterías, restaurantes:* Confortables, solidez, movibles y con accesorios igualmente móviles.

La determinación de la superficie útil de puestos de trabajo se obtiene a partir del reparto de módulos de trabajo. Luego, también están las superficies suplementarias, que es la repercusión por m de los puestos de trabajo en su entorno más inmediato, como son:

- Superficie constante.
- Superficie acceso.
- Superficie por visitas.
- Superficie de archivo.
- Superficie de reuniones.

También hay que determinar otras superficies como serían:

- Area social.
- Areas especiales.

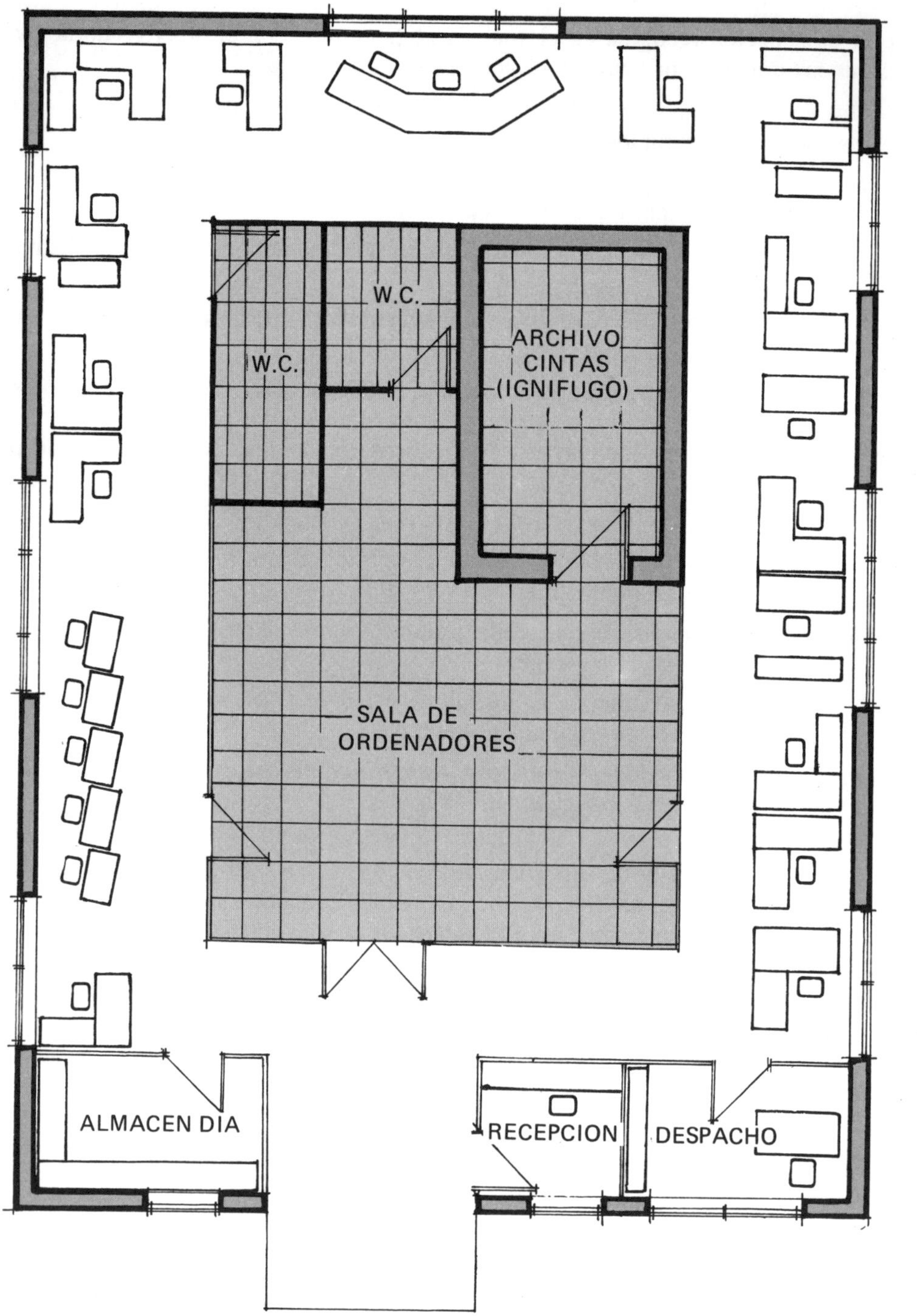

Fig. 37. *Ejemplo de oficina informática.*

- Areas fijas:
- Construcción
- Sanitarias
- Técnicas

La suma de estos distintos conceptos de superficie nos dará la superficie total necesaria para el edificio

Planificación de un edificio para oficinas

Un edificio para oficinas es, sobre todo, el lugar donde se desarrolla una actividad con eficacia y con las mínimas perturbaciones posibles.

El edificio de oficinas puede transmitir varias sensaciones, como por ejemplo:

- Potencia.
- Seriedad.
- Funcionalidad.
- Tecnología... etc.

Es también un edificio concebido para el desarrollo de una actividad. Cuando se trata de crear un buen edificio de oficinas, es muy importante *el profundo conocimiento de la empresa a la cual va a albergar.*

Intentaremos, a continuación, señalar los aspectos que nos parecen más importantes, desde un punto de vista organizativo, sin entrar a considerar los aspectos de carácter arquitectónicos o técnicos, los cuales ya fueron expuestos en la primera parte.

Atendiendo a la distribución, las oficinas se pueden clasificar en:

A) Convencional

La idea dominante es el despacho cerrado que, por lo general, es un conjunto de despachos y pasillos cerrados. Su ventaja más importante es el aislamiento y como consecuencia de ello, la posibilidad de mayor concentración. Sus inconvenientes: rigidez, desaprovechamiento de espacio, dificultades en la iluminación, comunicación.

B) Abierta

Diafanidad casi total, con ausencia de elementos separadores, entre puestos de trabajo. Sus ventajas son: aprovechamiento del espacio, fácil acondicionamiento (iluminación/climatización). Inconvenientes: nivel de ruido elevado, sentimiento de estar vigilado.

C) Paisaje

Se entiende por oficina paisaje, las superficies amplias de trabajo y separación de puestos a través de muebles y jardineras. Introduce plantas, fuentes de agua. Esto tiene como ventajas: la sensación de espacio, posibilidad de flexibilidad, cambios periódicos, buena iluminación. Como contrapartida, requiere un estudio previo bastante serio.

D) Mixta

Es una mezcla de la convencional y la de paisaje. Todos estos tipos de oficinas no se podrían proyectar sin la colaboración de:

- La dirección de la empresa.
- Los mandos.
- Personal base.

Con todo, el proyectista, arquitecto o decorador de interiores crea un ambiente de trabajo óptimo para cada empresa o entidad.

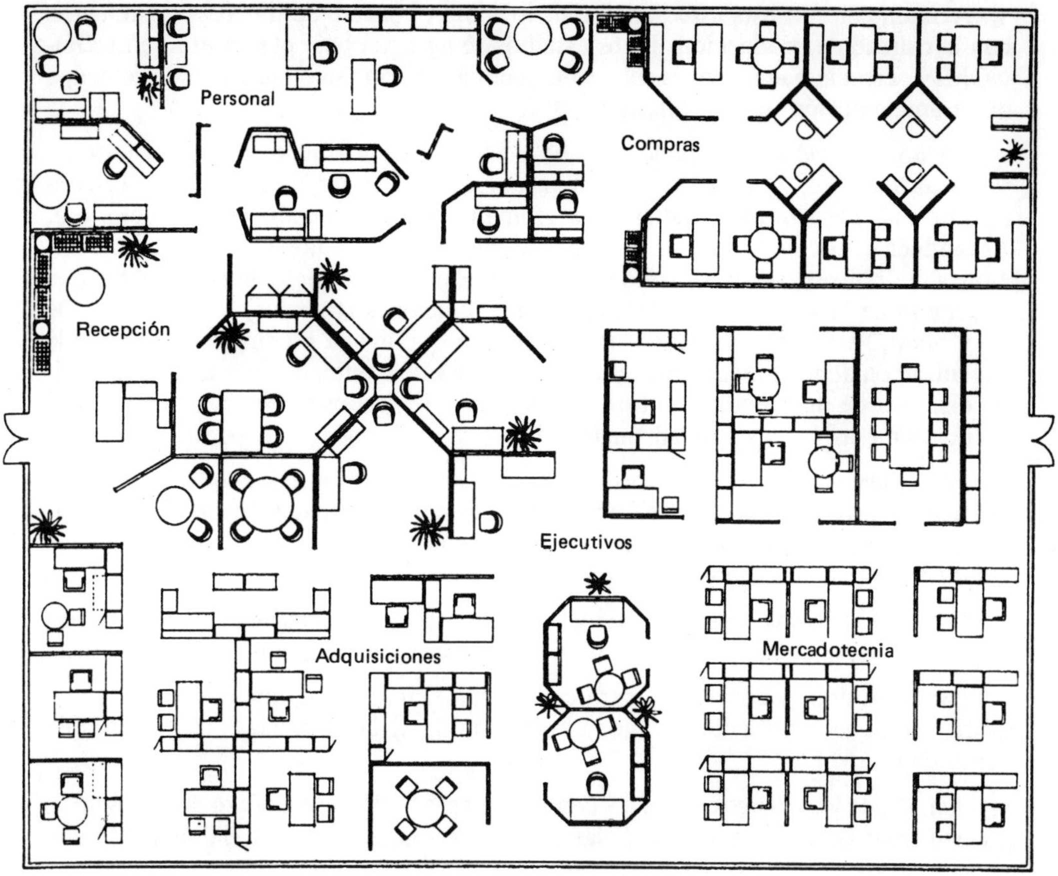

Fig. 38. *Ejemplo de oficina paisaje.*

Instalaciones

La inmensa mayoría de las oficinas modernas están dotadas de falso suelo, no de un tipo de suelo tan especial como el descrito en este libro, sino más bien del tipo John Pile, cuyas características también han quedado reflejadas anteriormente.

Dentro del tipo de oficinas anteriormente citadas, el elemento principal que se ha de introducir en ellas es el puesto de trabajo.

Actualmente, se está estudiando mucho sobre el puesto de trabajo y su relación con la calidad de producción. Estos estudios se agrupan bajo el nombre de ERGONOMIA, ciencia que no solamente estudia el mobiliario, sino que también se ocupa de la ambientación de una oficina.

La ambientación va tomando un papel relevante en la oficina moderna y procura suavizar todos los aspectos poco estéticos que ésta presenta; hace que la vista se encuentre más descansada estudiando la cromática de las paredes, techo, suelo, etc. Es también conocida la distribución de distintas gamas de colores. Dichas ambientaciones podrán ser, además, armonizadas por plantas naturales, de tal manera, que el sentido de la vista se habitúe a relacionar funciones (trabajos) con colores. De este modo, se facilita el sentido orientativo, lo que ayuda a comprender mejor la organización de los grandes edificios. Dentro de este contexto, sería un contrasentido disponer de unos equipos informáticos muy sofisticados y, por el contrario, poseer unas mesas y sillas poco adaptadas a la evolución sufrida por el puesto de trabajo.

Por último, diremos como norma general que los colores del mobiliario deberán ser más oscuros que los de las paredes; éstas, de colores que descansen la vista, beige, gris claro... y, siempre mates. Sería conveniente que dentro de estos recintos existieran puntos de reposo visual.

De manera rápida y para no olvidar en este capítulo la seguridad, procuraremos dejar constancia de los distintos sistemas de control y extinción para estas oficinas.

Para este tipo, y en general para cualquier oficina, existe una norma básica de edificación que estudia con detalle la implantación de las correctas instalaciones de seguridad.

Así, desde los clásicos armarios con mangueras ''rómpase en caso de incendio'', pasando por las botellas de CO_2' las columnas secas... hasta el Halon 1301 muy específico para ordenadores, entre otros, hay una variada gama de probabilidades para paliar con certeza dicho problema. No obstante, las medidas que nos hemos permitido denominar de ''sentido común'' evitan en la mayoría de los casos la utilización de los elementos anteriormente descritos.

Debemos por tanto, cerciorarnos de que:

- No queden desperdicios por la zona (papel, plástico, etc.)
- Que el almacenamiento se haga de forma ordenada y en sitios destinados para este fin.
- Procurar aislar el material que por su composición sea muy combustible.
- Prohibir fumar en ciertos lugares.

La instalación Automática—Manual de incendio constará de:

- Detectores automáticos.

- Pulsadores manuales.
- Central de control y señalización.

Detectores automáticos

Son elementos que captarán el inicio del fuego, como pueden ser los humos, temperatura, llamas y otros.

- Detectores de humos: — iónicos; — ópticos. (El área detectada por estos sistemas está comprendida entre 50 y 75 metros cuadrados, según la altura del techo.)
- Detectores de temperatura: — termostáticos; — termovelocimétricos. (El área oscila entre 30 y 40 metros cuadrados.)

Es interesante que todos estos detectores incorporen un indicador luminoso para facilitar la localización del conato de incendio.

Detectores manuales

Situados junto a las escaleras de emergencia y vías de evacuación, activados manualmente al accionar una alarma.

Central de control y señalización

Un recinto destinado a albergar todos los elementos necesarios para detectar con fiabilidad donde se produce el incendio.

Alimenta a los detectores y da el aviso de avería mediante un programa pre—determinado.

Debe, además, estar dotada de una fuente de alimentación para que tenga la suficiente autonomía.

Se deberá tener diseñado un plan de evacuación de la oficina y poseer muy buena señalización.

Atendiendo a la defensa física y a fin de proteger a las personas y los bienes, estos edificios informáticos deberán poseer puertas corta—fuegos en salidas de emergencia. Las puertas deberán permanecer firmemente cerradas, cara al exterior, e interiormente se abrirán instantáneamente a la menor leve presión, evitándose así atropellos en el desalojo del edificio.

Una de las reglas de oro en extinción de incendios es evitar toda propagación. Para ello, las anteriormente citadas puertas corta—fuegos, hacen posible una racional compartimentación de la oficina, deteniendo el fuego por espacio de 1/2 a 1 hora.

8

Ergonomía... esa ciencia

Ergonomía

Comprende, ante todo, una serie de acciones o previsiones que tienden a adaptar el trabajo a las dimensiones y capacidades fisiológicas del hombre.

La Ergonomía es una ciencia aplicada que se basa, a la vez, en la Medicina y en la Ingeniería. Su finalidad es la adaptación de los métodos de trabajo, las herramientas y las condiciones del medio a la anatomía, la fisiología y las aptitudes del hombre, con objeto de reducir los esfuerzos innecesarios y, por consiguiente, la fatiga y el desgaste prematuro del organismo. La Ergonomía no trata de modificar al hombre sino sus condiciones de trabajo y se orienta principalmente a la protección del trabajador, no al aumento de producción. La aplicación de los principios de la Ergonomía puede hacer que un trabajo difícil deje de serlo y que su aprendizaje resulte más sencillo. La ventaja secundaria de un trabajo más fácil es, por lo común, un aumento de productividad.

Proteger a los trabajadores contra el agotamiento, las sobrecargas y el envejecimiento prematuro, es empresa en extremo difícil que ha suscitado numerosas controversias.

El creciente número de trabajos efectuados en postura sentada, ha incrementado el interés concedido a las ''posturas sentadas, malsanas''. Son numerosos los que se quejan de dolores lumbares, entre los sujetos que habitualmente trabajan en esta postura.

En definitiva, Ergonomía es el estudio de la relación existente entre el hombre, su trabajo y las posiciones resultantes.

La Ergonomía, trata de establecer el confort idóneo en el puesto de trabajo. Dentro de éste, tienen que concurrir varios factores y entre ellos, se puede citar: que exista buena iluminación; presencia de colores naturales; niveles sonoros ideales... etc. El tema que nos ocupa, o mejor, que nos preocupa, es la Ergonomía en puestos informáticos y es precisamente el cometido de esta parte del libro.

Las personas que trabajan con pantallas de ordenador, al sentarse, adoptan posturas forzadas, de manera voluntaria o involuntaria.

El forzar la postura conlleva aumentar el riesgo de presión de la columna vertebral, además de poder producir unos molestos dolores de cuello.

Las variantes que se pueden introducir en las pantallas no son muchas. En la mayoría de los casos, sólo es posible una ligera regulación de su intensidad y brillo.

Distancia visual

Trabajar a una distancia visual adecuada es importante debido a: Que en el caso más general, el de trabajo con pantalla, los documentos escritos, las pantallas y el teclado se miran en una sucesión muy rápida de tiempo. Este hecho implica que, dentro de lo posible, los tres elementos se encuentren a una distancia similar de los ojos para evitar cambios continuos de enfoque de estos.

Angulo visual

En la lectura de un texto, desde la posición de sentado, la situación más confortable de la cabeza es aquella en que el ángulo visual está comprendido entre los 32° y 40° por debajo de la horizontal.

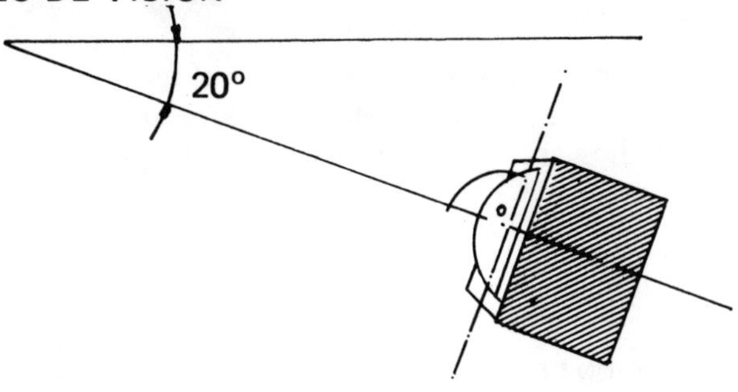

Fig. 39. *Representación del ángulo visual.*

El ángulo incluye tanto la inclinación de la cabeza como la de la línea de visión en igual proporción, es decir, la cabeza está inclinada hacia adelante en ángulo de unos 20° respecto a la vertical. Esta es la razón por la que se recomienda que el ángulo de visión esté comprendido entre 10° y 20° por debajo de la horizontal. Estudios estadísticos demuestran que aproximadamente el 30% de los operadores tienen un ángulo de visión excesivo. El 37% está en una situación óptima, pudiéndose considerar el 33% restante como aceptable.

Es interesante hacer notar que del 30% de los operadores con ángulo visual incorrecto, cerca de las tres cuartas partes de este porcentaje corresponde a mujeres, debido a su constitución física.

Características del asiento

Las recomendaciones y normas en otros países en lo referente al asiento es dotar a éste de una máxima flexibilidad, que se debe manifestar tanto por la posibilidad de ajuste como por la flexibilidad del mismo a base de mandos accesibles y de fácil utilización.

Se recomienda que tanto el respaldo como el asiento se puedan inclinar y se pueda ajustar en altura (38 — 48 cm.); y, por último, que la silla tenga ruedas que faciliten su desplazamiento.

Situación del teclado

La altura que respecto del suelo debe poseer el teclado, está comprendida entre los 60 y 75 cm. Esta altura se ha adoptado como solución de compromiso, dada la inexistencia de estudios antropométricos en nuestro país.

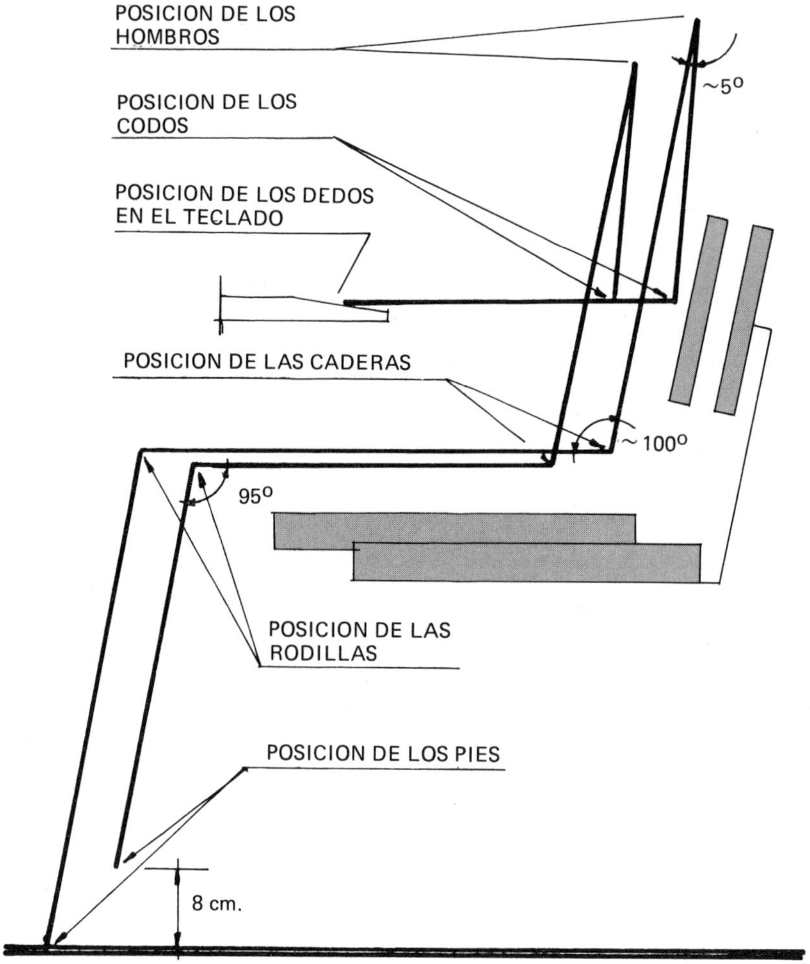

Fig. 40. *Esquema de la constitución de un puesto de trabajo de altura de mesa fija para dos tablas de usuario.*

Una altura excesiva del teclado obliga al operador a colocar sus brazos en una posición incorrecta, lejos del ángulo ideal de 90° que deben formar brazos y antebrazos.

Otros elementos

Existen, además, otros elementos a considerar en el mobiliario de los operarios, como son: los reposapiés y los portacopias.

- Este *portacopias* se hace necesario debido a que de esta forma se "acerca" el documento escrito a la vista del operador sin obligarle a adoptar posturas incorrectas. Además, el movimiento del cuello cuando mira a la pantalla y a los documnentos se realiza en un plano horizontal, mucho menos perjudicial que el vertical.
- El *reposapies,* también se hace importante ya que la adopción de una postura correcta lleva consigo que los pies de la persona de baja estatura queden situados a una cierta distancia del suelo, en este caso 8 cm. Si no existe reposapiés, deberá corregir esta altura bajando el asiento, lo que, a su vez, ocasionará una mala postura de brazos.

Ambiente de trabajo

Niveles de iluminación

Desde el punto de vista fisiológico, la legibilidad de un documento con un nivel de iluminación de 500 lux no difiere mucho de la conseguida con otro de 1.000 lux. Estudios recientes han demostrado que la reducción en la frecuencia de fusión crítica, uno de los índices de fatiga visual, es mucho mayor en ambientes con niveles de iluminación de 1.000 lux, que en otros de 500 lux. Por estas razones, se estima que valores medios de 300 a 500 lux, son los más adecuados como niveles de iluminación general en recintos donde se trabaje con pantallas de ordenador.

Relación de iluminación en el campo visual del operador

Una excesiva relación de iluminación en el campo visual del operador lleva consigo un aumento en la fatiga visual, dados los continuos cambios de punto de mira, tanto de material de trabajo como del entorno que lo rodea.

Se recomiendan rangos máximos de luminancia entre el material de trabajo y las fuentes de luz o brillo existentes en el campo visual del operador de 1 : 3 para el campo de visión central y de 1 : 10 para el periférico.

Instalación de las fuentes de iluminación general

Se entiende que comprenden las ventanas y las lámparas de techo.

La pantalla debe estar colocada de forma paralela al frente de las ventanas y alejadas de ellas para evitar que la sobreiluminación diurna dificulte la adaptación de los ojos en la relativa oscuridad de la pantalla y a la aparición de reflejos en la misma.

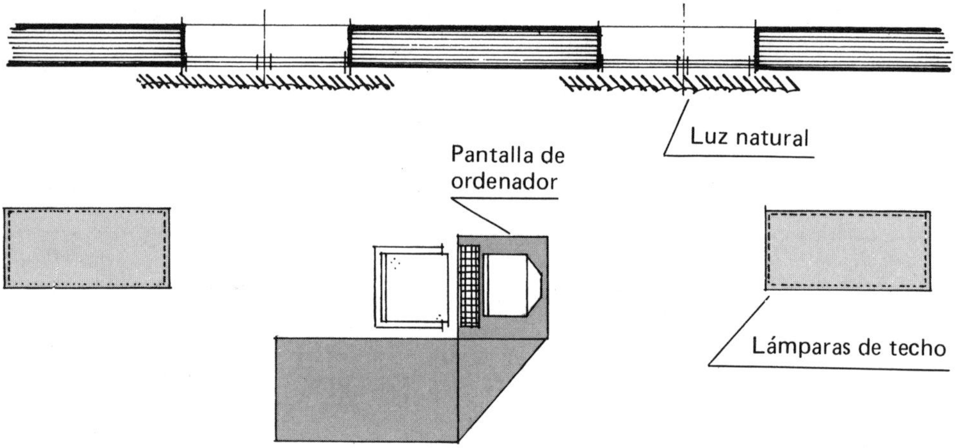

Fig. 41. *Colocación ideal de "puesto de trabajo informático".*

De igual manera, la línea de visión del operador a la pantalla debería ser paralela a las lámparas de techo, sin estar éstas colocadas encima del operador. Asimismo, deberá estar provista de difusores para una distribución más uniforme de la luz.

Nivel de ruido

Desde el punto de vista ergonómico, una ventaja del terminal de pantalla sobre la máquina de escribir es que aquél es mucho menos ruidoso, presentando muy pocos problemas al respecto.

En cuanto a las tareas, consideramos que las de programación y diseño son las que precisan una mayor concentración, pudiéndose considerar el resto en mayor o menor grado rutinarios, y, por tanto, con una necesidad menor de concentración.

Por todo lo expuesto, se desprende que la oficina del futuro está basada en el diseño arquitectónico y de instalaciones, además de su grado de confortabilidad que poco tiene ya que ver con sus antepasadas oficinas administrativas.

Indice alfabético

Absorción acústica, 38
Acceso, 22
Acometida trifásica, 47
Acristalamiento, 42
Acústica, 41
AGIE, 57
Aire acondicionado, 17, 60
Aislamiento de cámara de aire, 43
Aislamiento exterior, 43
Alarma, 37
Alumbrado, 38
Alumbrado de emergencia, 53
Alumbrado de señalización, 53
Alumbrado fluorescente, 50
Ambientación, 84
Angulos de incidencia, 42
Anti-reflejo, 56
Apantallamiento, 41
Area industrial, 20
Armarios ignífugos, 73
Armónico, 55
Arquitectura, 19
Ascensores, 77
Asiento, 89
Aspiración automática, 71
Automatización, 16

Baldosas, 30
Bandas de octava, 38
Baterias, 59
Bienestar térmico, 43
Bocas de agua, 67
Brillo, 36
Bromo-trifluormetano, 68
Bypass, 58-59

Cables, 27
Caídas de tensión, 58
Caldereta sifónica, 25
Calefacción por suelo, 62
Campo eléctrico de A.F., 20
Campo magnético de A.F., 20
Campo magnético terrestre, 20
Campo visual, 51
Canalizaciones, 25
Cebadores, 53
Centralita seguridad, 68
Centro informático, 11
Centro de transformación, 22, 54
Centro Rockeffeller, 21
Cintas magnéticas, 23
Cintoteca, 23
Clemas, 47
Coeficiente de inflamación, 37
Combustibilidad, 37
Combustibles, 36
Compañía suministradora de E. Eléctrica, 24
Componentes electrónicos, 25
Condensación, 78
Conducciones, 25
Conducciones de agua, 22
Conducciones de extinción de incendios, 37
Conductividad térmica, 43
Confort, 88
Contactor, 47
Contra-luz, 52
Corrientes de convección, 43
Corrientes inducidas, 29
Corte de red, 53
Cristal, 40
Cromática, 84
Cuadro de baja tensión, 54
Cuadro eléctrico, 47
Cubo hipotético, 39

Desagüe, 25
Deslumbramiento, 51
Desviación angular, 55
Detección, 69
Detectores de humedad, 71

Detectores iónicos, 69
Detectores ópticos, 69
Diafanidad, 20
Difusores, 71, 93
Dióxido de carbono, 72
Distorsión, 55
Dobles ventanas, 42
Drenaje, 69
Ducto-dual, 64

Edificio, 11
Edificio de oficinas, 11
Edificios horizontales, 21
Edificios informáticos, 12, 77
Edificio torre, 20
Efecto tunel, 42
Ejes de reparto, 38
Ejes primarios, 38
Emisoras de radar (Influencia), 20
Emisoras de radio (Influencia), 20
Empire state, 21
Energía eléctrica, 22, 24
Energía estática, 31
Equilibrio térmico, 61
Equipos autónomos, 62
Ergonomía, 84
Escayola, 37
Escalera de evacuación, 78
Espectro, 50
Esquinas, 43
Estructuras, 21
Estructura metálica, 30
Estudios antropométricos, 90
Evacuación, 21, 85
Explosivos, 67
Extintores portátiles, 69

Factor de pico, 55
Factor de potencia, 55
Falso suelo, 29
Falso techo, 37
Fases, 55
Fatiga visual, 56
Filtros, 56, 73
Filtros acústicos, 41
Filtros calor solar, 40
Fluido eléctrico, 49
Flujo luminoso cenital, 55
Flujo de aire, 66
Forjado, 22, 62
Forjado superior, 28
Frecuencia, 50, 54
Frigorías, 31
Fuente de alimentación, 29
Fuentes de luz, 50

Gestión administrativa, 16
Gestión burocrática, 16
Grandes ordenadores, 23
Grandjean, 50
Granito, 31
Grupo de baterías, 58

Halógeno, 50
Halon 1301, 69
Humidificadores, 62

Impedancia, 49
Impermeable, 68
Impresoras, 41
Incidencia rasante, 42
Industrias, 20
Informática, 15
Instalaciones, 15
Interconexionado, 27, 37
Interferencias electromagnéticas, 22
Inundaciones, 25
Inversor, 58

John Pile, 31, 83

Lámparas, 92
Línea de visión, 51
Losetas, 30
Luces de emergencia, 61
Lux, 59, 91
Luz natural, 78

Mármol, 25
Material incombustible, 67
Memorias de ferritas, 22
Microcircuitos, 25
Micros-minis, 23
Módulos, 76
Moqueta, 25, 30
Mueble, 36
Muros cortina, 40

Nivelado, 29
Niveles de iluminación, 52
Norma DIN, 38
Normas NFPA, 70
Normativa, 12

Obra civil, 22
Obras de fábrica, 42
Oficina, 16
Oficina abierta, 32
Oficina convencional, 81
Oficina mixta, 82

Oficina paisaje, 82
Ofimática, 15, 31
Ohmios, 31
Olores, 25
Onda sinusoidal, 55
Operador de pantalla, 42
Ordenador, 16
Ordenadores transistorizados, 22

Papeles vinílicos, 36
Parcela, 21
Parquet, 25
Partículas en suspensión, 25
Pasillos de seguridad, 22
"Pasos" forjado, 25
Pedestales, 29
Pendiente, 31
Perlita, 36
Perlita expandida, 43
Picos de tensión, 49
Pilares, 22
Pintura, 35
Pintura antipolvo, 25
Placas de fibra mineral, 37
Plenum, 29, 31, 37
Polvo, 20
Portacopias, 91
Potencia frigorífica, 62
Pozos de tierra, 25
Pozos o picas, 48
Protección, 19
Protección diferencial, 47
P.S.T.,49
Puentes térmicos, 43
Puerta corta-fuegos, 86
Pulsadores de corte, 47
P.V.C., 25

Rampas, 31
Reactancias, 53
Readaptación, 19
Rectificador, 58
Reflectante, 52
Reflectante (pintura), 36
Reflejo, 36
Reflexión, 36, 50
Relés electromagnéticos, 20
Remodelación, 22
R.M.S., 55
Reparto luminoso, 55
Reposapies, 91
Reposo visual, 55
Reproductoras, 41
Residencia eléctrica, 31
Residencia forjado, 24
Reticula, 30, 38
Revestimiento, 25
Ruidos, 41

Sala de impresora, 23
Sala de ordenadores, 23
Seguridad, 19, 20, 68
Sincronismo , 58
Sismorresistencia, 28
Sistema de alimentación estática, 58
sistema dual-modulina, 64
Sobrecarga, 59
sobre-elevación suelo, 29
Sobre presión, 57
Soportes magnéticos, 20
Suelos flotantes, 43
Suelo real (forjado), 24

Tabiques divisores, 27
Tecnología, 15
Tendido de yeso, 35
Tensión alterna, 59
Tensión continua, 59
Tensión trifásica, 54
Termo-acústica, 43
Termohidrógrafo, 64
Termohigrómetro, 64
Termostáticos, 85
Termovelocimétricos, 85
Terrazo, 25
Terreno, 18
Textura, 36
Toma de tierra, 48
Toxicidad, 71
Tóxicos, 36
Tráfico de maquinaria, 40
Transistores, 53
Transmisión de datos, 29
Tratamientos de suelos, 25
Tratamiento de paredes, 35
Trifósforo, 54
Tubos fluorescentes, 51
Tubo traqueal, 47-73

Unidad de alimentación ininterrumpida (U.P.S.), 24, 47, 53, 62
Unidades autónomas, 53

Valor nominal, 51
Variaciones de energia, 23
Vermiculita, 43
Vibraciones, 22
Vista, 36
Vista cansada, 53